彩图 1　西门塔尔牛公牛

彩图 2　西门塔尔牛母牛

彩图 3　夏洛来牛公牛

彩图 4　夏洛来牛母牛

彩图 5　比利时蓝白花牛

彩图 6　安格斯牛

彩图 7　夏南牛公牛

彩图 8　夏南牛母牛

 彩图9　和牛
 彩图10　秦川牛

 彩图11　南阳牛
 彩图12　带犊南阳牛

 彩图13　运动场
 彩图14　运动场翻松

 彩图15　两面敞开的开敞式牛舍
 彩图16　两面有窗的半开敞式牛舍

彩图 17　一面敞开的半开敞式牛舍 1

彩图 18　一面敞开的半开敞式牛舍 2

彩图 19　封闭式牛舍

彩图 20　颈枷拴系

彩图 21　TMR 车

彩图 22　青贮壕

彩图 23　干草棚

彩图 24　简易遮阳棚

彩图 25　用 B 超进行妊娠诊断

彩图 26　液氮罐

彩图 27　取冷冻精液

彩图 28　精液品质检查

彩图 29　母牛体尺测量

彩图 30　母牛爬跨

彩图 31　采集胚胎

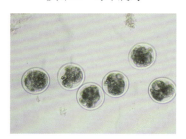

彩图 32　胚胎镜检

专家帮你
提高效益

怎样提高
母牛繁殖效益

孔雪旺　王艳丰　周　敏　编　著

机械工业出版社

本书以提高母牛繁殖效益为核心，从我国肉牛业的现状、存在问题及发展趋势入手，围绕母牛繁殖特点、环境控制、饲养管理、繁殖新技术、繁殖疾病防治、经营管理等方面，以牛场生产经营中的认识误区和存在问题为切入点，阐述提高母牛繁殖效益的主要途径。本书内容浅显易懂，技术知识简单明了，突出可操作性、应用性和针对性，对于技术操作要点、饲养管理窍门及在养殖中容易出现的误区等，设有提示、小经验等栏目，利于养殖者上手，少走弯路。

本书可供规模化牛场、养牛专业户、饲料及兽药企业技术员等阅读，也可供农业院校相关专业的师生阅读和参考。

图书在版编目（CIP）数据

怎样提高母牛繁殖效益/孔雪旺，王艳丰，周敏编著.—北京：机械工业出版社，2021.1（2024.1重印）

（专家帮你提高效益）

ISBN 978-7-111-66431-4

Ⅰ.①怎… Ⅱ.①孔…②王…③周… Ⅲ.①母牛-家畜繁殖 Ⅳ.①S823.03

中国版本图书馆 CIP 数据核字（2020）第 163006 号

机械工业出版社（北京市百万庄大街22号　邮政编码100037）
策划编辑：周晓伟　高　伟　责任编辑：周晓伟　高　伟　郎　峰
责任校对：赵　燕　肖　琳　责任印制：李　昂
河北宝昌佳彩印刷有限公司印刷
2024年1月第1版第7次印刷
145mm×210mm・5.5印张・2插页・158千字
标准书号：ISBN 978-7-111-66431-4
定价：29.80元

电话服务　　　　　　　　网络服务
客服电话：010-88361066　机 工 官 网：www.cmpbook.com
　　　　　010-88379833　机 工 官 博：weibo.com/cmp1952
　　　　　010-68326294　金 书 网：www.golden-book.com
封底无防伪标均为盗版　机工教育服务网：www.cmpedu.com

前 言 / PREFACE

  我国是养牛大国，养牛数量位于世界前列。2018 年，我国肉牛出栏量为 4397.5 万头，约占全球的 14.66%；牛肉产量为 644.1 万吨，占我国肉类产量的 7.56%，近年来产量一直逐步上升，已成为世界上第三大牛肉生产国，但与猪肉产量相比仍有很大的差距。随着社会发展和收入水平的提升，我国牛肉的消费量迅速增加，尤其是近一年来受非洲猪瘟影响，猪肉价格高涨，牛肉作为替代品，需求猛增，价格也明显上涨，但牛肉产量一直增长缓慢，严重影响了整个肉牛产业发展。这里面的原因有很多，如肉牛品种资源少、肉牛饲养规模化程度低、饲养管理不够科学、产品深加工技术滞后等，但首要因素是当前国内繁殖母牛存栏量不足，架子牛牛源短缺，养殖户无牛可养。因此，繁殖母牛数量不足是我国肉牛业可持续发展的最大障碍。基于此，我们以母牛繁殖中存在的误区为切入点编写了本书，探讨提高母牛繁殖效益的方法。

  本书以提高母牛繁殖效益为核心，从我国肉牛业的现状、存在问题及发展趋势入手，围绕母牛繁殖特点、环境控制、饲养管理、繁殖新技术、繁殖疾病防治、经营管理等方面，以牛场生产经营中的认识误区和存在问题为切入点，阐述提高母牛繁殖效益的主要途径。本书内容浅显易懂，技术知识简单明了，突出可操作性、应用性和针对性，对于技术操作要点、饲养管理窍门及在养殖中容易出现的误区等，设有提示、小经验等栏目，利于养殖者上手，少走弯路。本书可

供规模化牛场、养牛专业户、饲料及兽药企业技术员阅读，也可供农业院校相关专业的师生阅读和参考。

需要特别说明的是，本书所用药物及其使用剂量仅供读者参考，不可照搬。在生产实际中，所用药物学名、常用名与实际商品名称有差异，药物浓度也有所不同，建议读者在使用每一种药物之前，参阅厂家提供的产品说明以确认药物用量、用药方法、用药时间及禁忌等。购买兽药时，执业兽医有责任根据经验和对患病动物的了解决定用药量及选择最佳治疗方案。

本书由河南农业职业学院牧业工程学院孔雪旺、王艳丰和周敏编著。在本书编写过程中得到许多同仁的关心和支持，并参考了一些专家学者的研究成果和相关资料，由于篇幅所限，未能一一列出，在此一并表示感谢。

受编者水平所限，书中错误与不足之处在所难免，诚请同行及广大读者予以批评指正。

编著者

目 录 / CONTENTS

前言

第一章 掌握母牛的繁殖特性，向规律要效益 ………… 1
第一节 了解我国肉牛业的现状、存在问题及发展趋势 ………… 1
一、发展现状 ………… 1
二、存在问题 ………… 3
三、发展趋势 ………… 4
第二节 了解母牛的生殖器官和生理功能 ………… 4
一、卵巢 ………… 4
二、输卵管 ………… 5
三、子宫 ………… 5
四、阴道 ………… 7
五、外生殖器官 ………… 7
第三节 掌握母牛的繁殖规律 ………… 7
一、发情与排卵 ………… 7
二、发情周期的内分泌调控 ………… 10
三、受精过程 ………… 11

四、妊娠与分娩的生理变化 …………………………… 12
　第四节　了解生殖激素的作用并在母牛繁殖中
　　　　　合理应用 ……………………………………… **16**
　　　一、生殖激素的种类与作用 ……………………………… 16
　　　二、生殖激素在肉牛繁殖中的应用 ……………………… 18

第二章　科学调控环境，向环境要效益 …………………… **23**
　第一节　牛场环境调控方面的误区 ……………………… **23**
　　　一、观念落后，不重视母牛的生活环境 ………………… 23
　　　二、母牛繁殖场址选择和布局不合理 …………………… 23
　　　三、不重视废弃物的处理，随处堆放和不进行
　　　　　无害化处理 ………………………………………… 24
　　　四、不重视牛舍内小环境调控 …………………………… 24
　第二节　提高环境效益的主要途径 ……………………… **25**
　　　一、合理选址 …………………………………………… 25
　　　二、合理进行场区布局 ………………………………… 27
　　　三、做好场内道路设计和绿化 ………………………… 31
　　　四、做好牛舍的设计与建造 …………………………… 32
　　　五、合理安装消毒设施 ………………………………… 36
　　　六、合理安装养殖设备与设施 ………………………… 36
　　　七、合理增设辅助设施 ………………………………… 38
　　　八、合理安装运动场内的设施 ………………………… 39
　　　九、制定合理的牛场管理制度 ………………………… 39
　　　十、达到牛场的环保要求 ……………………………… 44

第三章　掌握母牛繁殖技术，向技术要效益 ……………… **46**
　第一节　母牛繁殖方面的误区 …………………………… **46**
　　　一、母牛人工授精不规范 ……………………………… 46
　　　二、妊娠诊断不准确，不重视早期妊娠诊断 …………… 46
　　　三、母牛预产期推算不准，接产不及时 ………………… 46

四、助产方法不当 ·················· 47
　　　五、初生犊牛护理不当 ················ 47
　　　六、产后母牛护理不当 ················ 47
　第二节　掌握牛的繁殖性能与繁殖力统计方法 ········ **47**
　　　一、母牛繁殖性能描述 ················ 47
　　　二、公牛繁殖性能描述 ················ 48
　　　三、母牛繁殖力的统计方法 ·············· 49
　第三节　掌握母牛的发情特点与配种技术 ·········· **51**
　　　一、母牛发情的特点 ················· 51
　　　二、母牛发情周期的生理参数 ············· 52
　　　三、配种的时间 ··················· 53
　　　四、人工授精技术 ·················· 55
　第四节　掌握母牛的妊娠诊断技术 ············· **56**
　　　一、外部观察法 ··················· 56
　　　二、阴道检查法 ··················· 57
　　　三、直肠检查法 ··················· 58
　　　四、超声波诊断法 ·················· 61
　　　五、孕酮水平测定法 ················· 61
　第五节　做好母牛分娩与助产 ··············· **61**
　　　一、预产期的推算 ·················· 61
　　　二、分娩的预兆 ··················· 62
　　　三、分娩过程 ···················· 63
　　　四、分娩时胎儿与母体的相互关系 ··········· 64
　　　五、母牛助产技术 ·················· 65
　　　六、产后母牛的护理 ················· 69
　　　七、新生犊牛的护理 ················· 72

第四章　做好繁殖母牛饲养管理，向管理要效益 ········ **74**
　第一节　母牛饲养中的误区及纠正措施 ··········· **74**
　　　一、在观念上不重视母牛饲养 ············· 74

二、急于求成，过早配种 …………………………………… 74
三、不注意卫生消毒 ………………………………………… 74
四、长期拴养，运动不足 …………………………………… 75
五、不刷拭牛体、不重视防暑降温工作 …………………… 75
六、犊牛哺乳期过长 ………………………………………… 75

第二节 做好母牛带犊繁育 …………………………………… 76
一、建立母牛带犊繁育体系 ………………………………… 76
二、犊牛常乳期的哺喂和补饲 ……………………………… 76
三、犊牛哺乳期的管理 ……………………………………… 81
四、早期断奶犊牛培育技术 ………………………………… 85
五、断奶至6月龄母犊牛的饲养管理 ……………………… 88
六、哺乳母牛的饲养管理 …………………………………… 89
七、犊牛腹泻病的治疗措施 ………………………………… 91

第三节 做好育成母牛的饲养管理 …………………………… 95
一、育成母牛的选择 ………………………………………… 95
二、育成母牛的饲养 ………………………………………… 96
三、育成母牛的管理 ………………………………………… 100
四、青年母牛的饲养管理 …………………………………… 104

第四节 做好母牛发情鉴定与配种 …………………………… 106
一、发情鉴定 ………………………………………………… 106
二、选择合理的配种方式 …………………………………… 110
三、选种选配 ………………………………………………… 111
四、按照操作程序进行人工授精 …………………………… 112

第五节 做好妊娠母牛的饲养管理 …………………………… 112
一、妊娠母牛的日粮组成 …………………………………… 112
二、妊娠母牛的饲养 ………………………………………… 113
三、妊娠母牛的管理 ………………………………………… 116

第六节 做好空怀母牛的饲养管理 …………………………… 118
一、空怀母牛的饲养 ………………………………………… 118
二、空怀母牛的管理 ………………………………………… 119

三、母牛不孕病的治疗 ·················· 119
　　四、子宫内膜炎的治疗 ·················· 125
　　五、缩短母牛产后空怀期的措施 ············ 132

第五章　采用繁殖新技术，向数量要效益 ·········· **134**
第一节　在繁殖新技术方面的误区 ············ **134**
　　一、观念误区 ······················ 134
　　二、技术误区 ······················ 134
第二节　掌握母牛发情期的调控技术 ··········· **135**
　　一、初情期的调控技术 ·················· 135
　　二、同期发情 ······················ 136
　　三、诱发发情 ······················ 139
第三节　掌握超数排卵与诱导双胎技术 ·········· **140**
　　一、超数排卵 ······················ 140
　　二、诱导双胎技术 ···················· 141
第四节　掌握胚胎移植技术 ················ **143**
　　一、胚胎移植的定义及意义 ················ 143
　　二、胚胎移植的生理基础及操作原则 ··········· 145
　　三、胚胎移植的基本程序 ················· 145

第六章　加强繁殖管理，提高母牛繁殖力 ·········· **149**
第一节　繁殖管理方面的误区 ·············· **149**
　　一、日常繁殖记录不完善 ················· 149
　　二、没有制订繁殖计划 ·················· 149
　　三、重视繁殖技术而忽视母牛的日常饲养管理 ······ 149
　　四、不重视种公牛的饲养管理 ··············· 149
第二节　做好母牛繁育场的繁殖管理 ··········· **150**
　　一、加强繁殖管理 ···················· 150
　　二、做好母牛繁殖力评定 ················· 152
第三节　掌握提高母牛繁殖力的措施 ··········· **153**

一、影响母牛繁殖力的因素 ………………………………… 153
二、提高母牛繁殖力的措施 ………………………………… 154

第七章　养殖典型实例 ……………………………………… **162**
一、能繁母牛的饲养模式 …………………………………… 162
二、繁殖新技术应用模式 …………………………………… 164

参考文献 ……………………………………………………… **166**

第一章
掌握母牛的繁殖特性，向规律要效益

第一节　了解我国肉牛业的现状、存在问题及发展趋势

一、发展现状

1. 牛的品种资源丰富

我国的养牛业历史源远流长，是世界上牛遗传资源最丰富的国家之一。中国黄牛是我国优良的肉牛品种，有 28 个地方品种、4 个育成品种。中国黄牛肉质好，遗传性能稳定，但生长速度赶不上国外专门化肉牛。为了发展肉牛业，近年来除了从国外引进许多肉牛良种以外，通过科技人员的长期培育，我国又先后育成了夏南牛、延黄牛、辽育白牛、云岭牛 4 个新品种。目前，我国拥有许多国内外优良肉牛品种（见表 1-1），部分品种见彩图 1~彩图 12。

表 1-1　我国肉牛的品种类型及常见品种

品种类型	常 见 品 种
中国黄牛	秦川牛、南阳牛、鲁西牛、晋南牛、渤海黑牛、郏县红牛、冀南牛、平陆山地牛、延边牛、复州牛、蒙古牛等
引进肉牛	海福特牛、短角牛、安格斯牛、夏洛来牛、利木赞牛、皮埃蒙特牛、德国黄牛、南德温牛、和牛、比利时蓝白花牛等
中国肉牛	夏南牛、延黄牛、辽育白牛、云岭牛
乳肉兼用牛	西门塔尔牛、荷斯坦牛、三河牛、草原红牛、新疆褐牛等

2. 牛肉产量居世界前列

我国肉牛业自20世纪80年代起步以来,经过30多年的发展,肉牛存栏量已跃居世界前列。2018年,我国肉牛存栏总数为6617.9万头,出栏总数为4397.5万头,约占全球的14.66%,牛肉产量为644.1万吨,已成为世界上第三大牛肉生产国。

3. 饲养方式多元化

目前,我国养牛业逐步由传统的散养向规模化、集约化、专业化方向发展,由落后的人工饲养方式向现代化饲养方式转变,从而使牛的生产性能得到充分发挥。目前,有放牧饲养、舍饲饲养、放牧和舍饲混合饲养等多种饲养模式。从卫生防疫到环境保护等各个养殖环节均能做到科学化、合理化,实现经济效益、社会效益及生态效益协同提升。

4. 养殖区域化格局明显

我国的养牛区域主要分布在华中、华北、东北等地。据统计,河南、山东、内蒙古、河北、吉林、黑龙江、新疆、辽宁等牛肉产量前十名的地区,牛肉产量之和占到全国牛肉总产量的69.5%。这里面除河南和东三省为粮食主产区外,其他大都是草地资源富集区。由此可见,肉牛养殖一方面集中于粮食产区,另一方面集中于草原牧区。此外,近年来随着产业结构的调整,粮食主产区肉牛产业转向育肥加工,基础母牛饲养量逐渐下降,而草原牧区由于具有饲养成本较低的优势,肉牛饲养量呈增长趋势,成为肉牛繁育基地和商品牛输出基地。

5. 肉牛养殖效益明显提高

2018年,全国育肥牛价格为28～30元/千克,同比增长17%～20%;架子牛价格为30～34元/千克,同比增长11%～13%;全国牛肉均价达65.2元/千克,同比增长3.1%。活牛及牛肉市场价格均创历史新高。育肥一头架子牛可获利3000元左右,这必然会极大地调动养殖户养牛的积极性。商品牛源紧张、消费需求强劲、打击走私力度加大等一系列直接或间接因素,联合促成了现阶段我国肉牛市场行情特点。

二、存在问题

1. 基础母牛数量下滑,架子牛牛源不足

近年来我国基础母牛每年的下滑幅度在 1.5%～2.0% 之间,全国牛肉产量从 2010 年的 629.1 万吨到 2018 的 644.1 万吨,产量没有明显提升。肉牛存出栏量近 4 年来呈下降趋势。原因是多方面的,如母牛繁殖周期长,农业结构调整役畜的退出,牛肉的价格波动等,而基础母牛数量不足则是当前我国肉牛产业发展过程中无法回避且在短期内难以破解的瓶颈问题。

2. 良种覆盖面不高,母牛素质不高

近年来虽然随着新品种的引进及培育,有不少母牛已被改良,但长期以来,母牛大多由农户分散饲养,不利于选种选育工作的开展。母牛虽然有了一定的改良,但血统不纯,系谱不清,盲目杂交,造成母牛的整体遗传素质并不是很高,也就难以产出优质的犊牛,这也严重制约了我国肉牛业的发展。

3. 养殖技术水平低,规模化程度低

目前,我国肉牛养殖业标准化规模化养殖水平还比较低,牛场规模 10 头以下的占 95.05%,1000 头以上的只占 0.01%。机械化、标准化、规模化程度和奶牛养殖相比要低得多。农户分散饲养,技术水平低,养殖设备设施落后,饲养环境脏、乱、差,饲料转化率低,严重影响了肉牛养殖效益。

4. 饲养观念落后,母牛饲养管理不科学

由于牛是草食动物,在饲喂方面并不像猪和禽那样要求严格,导致很多人不重视科学饲养管理。许多养殖户在肉牛育肥期尚能比较科学地饲喂,但不重视母牛的饲养,认为繁殖母牛不进行育肥,营养要求低,把母牛养得过瘦。这样易引起母牛不发情,难以正常配种,孕牛易流产等,更进一步加剧了牛源的紧张。

5. 疫病问题仍旧突出

牛和其他动物相比,抗病力相对较强,导致很多人忽视牛的疫病防治工作,如引进牛只不严格检疫,把外地疫病带入本地,如河南省近年来由于牛只调运而导致牛结核病、布氏杆菌病发病率都呈上升趋

势。牛场消毒设施不完善，防疫制度不健全，环境控制不合理等，都进一步加剧了疫病的扩散。口蹄疫、结核病、布氏杆菌病、传染性鼻气管炎、恶性卡他热、炭疽等疫病时有发生，严重危害了牛的健康。

三、发展趋势

牛肉营养丰富，蛋白质含量比猪肉高，脂肪含量则相反，因而含热量适中，对人体健康十分有利。因此，牛肉消费量在全世界仅居猪肉之后，是第二大肉类。当前，我国牛肉年生产量只有600多万吨，每年都要从国外进口100多万吨，仍是供不应求。这也导致了近年来走私牛肉的情况不断发生，在国家对牛肉走私查处力度的加大、人民生活水平不断提升和非洲猪瘟入侵使牛肉替代猪肉消费等诸多因素的刺激下，牛肉市场需求必然会进一步提高，肉牛业发展前景非常广阔。

除此之外，国家也多次出台相关政策，支持母牛扩群工作，这些政策也将对整个肉牛产业起到促进作用。

第二节　了解母牛的生殖器官和生理功能

母牛的生殖器官包括卵巢、输卵管、子宫、阴道、尿生殖前庭、阴唇、阴蒂（见图1-1）。前4部分称为内生殖器，后3部分称为外生殖器（或外阴部）。

一、卵巢

1. 卵巢的形态

卵巢平均长2~3厘米，宽1.5~2厘米，厚1.0~1.5厘米。卵巢的形状、大小及解剖组织结构随年龄、发情周期和妊娠情况变化而变化。超数排卵的母牛，卵巢体积可变得很大，常常可达5厘米×4厘米×3厘米，甚至更大。

2. 卵巢的功能

母牛卵巢的功能是分泌激素和产生卵子。包含1个卵子和周围细胞的卵巢结构，称为卵泡。在发情周期，卵泡逐渐增大，发情前几天，卵泡显著增大，分泌雌激素增多。发情时通常只有1个卵泡破裂，释放卵子，留在排卵点的卵泡壁细胞迅速增殖，在卵巢上形成另一个主要的结构称为黄体。黄体主要分泌黄体酮（孕酮），维持妊娠。

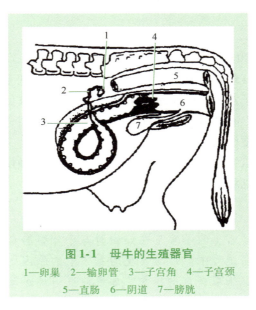

图1-1 母牛的生殖器官
1—卵巢 2—输卵管 3—子宫角 4—子宫颈
5—直肠 6—阴道 7—膀胱

二、输卵管

输卵管是卵子受精及受精卵进入子宫的管道。2条输卵管靠近卵巢的一端扩大成漏斗状结构，称为输卵管伞。输卵管伞部分包围着卵巢。卵子受精发生在输卵管的上半部（壶腹部），已受精的卵子（即合子）继续留在输卵管内3~4天。输卵管另一端与子宫角的接合点充当阀门的作用，通常只在发情时才让精子通过，并只允许受精后3~4天的受精卵进入子宫。

三、子宫

青年及经产胎次少的母牛，子宫角弯曲如绵羊角，位于骨盆腔内。经产胎次多的子宫并不完全恢复原来的形状和大小，所以其子宫不同程度地展开，垂入腹腔。母牛的子宫包括子宫角、子宫体、子宫颈 3 部分。子宫角先向前下方弯曲，然后转向后上方。2 个子宫角基部汇合在一起形成子宫体，子宫体后方为子宫颈。子宫是精子向输卵管运行的渠道，也是胚胎发育和胚盘附着的地点。子宫是肌肉发达的器官，能大大扩张以容纳生长的胎儿，分娩后不久又迅速恢复正常大小。

1. 子宫角

子宫角长 20～40 厘米，角基部粗 1.5～3 厘米。经产牛的子宫角比未产牛的子宫角明显要长些、粗些。子宫角存在两个弯曲，即大弯和小弯。两个子宫角汇合的部位有一个明显的纵沟状的缝隙，称为角间沟。在子宫上有凸出于表面的子宫肉阜（约 100 个），在没怀孕时很小，怀孕后便增大，称为子叶。

子宫壁的组织学构造为 3 层，外层为浆膜层，中层为肌肉层，内层为黏膜层。黏膜层具有分泌作用。

【提示】

母牛子宫上的子宫阜在妊娠时与子叶型胎盘紧密契合，结合过于紧密是母牛产后易发生胎衣不下的原因之一。生产中要特别注意，采取一定的措施，如产前适当地运动，给予合理的营养，必要时使用药物预防。

2. 子宫颈

子宫颈是子宫与阴道之间的部分。子宫颈阴道部凸出于阴道内约 2 厘米，黏膜上有放射状皱褶，称为子宫颈外口。子宫颈由子宫颈肌、致密的胶原纤维及黏膜构成，形成厚而紧的皱褶，有 2～5 个横向的新月形皱褶，彼此嵌合，使子宫颈管呈螺旋状，通常情况下收缩得很紧。发情时稍有松弛，这种结构有助于保护子宫不受阴道内很多有害微生物的侵入。

子宫颈黏膜里的细胞分泌黏液，子宫颈中充满着子宫颈黏液，子宫颈黏液的数量和理化性质受卵巢激素调节而发生周期性的变化。在发情期间其活性最强，在妊娠期间，黏液形成栓塞，封锁子宫口，使子宫不与阴道相通，以防止胎儿脱出和有害微生物入侵子宫。

四、阴道

阴道把子宫颈和阴门连接起来，是自然交配时精液注入的地点。阴道前段腔隙扩大，在子宫颈阴道周围形成阴道穹窿，后端止于阴瓣。阴道是交配器官，也是交配后的精子库。牛阴道长22～28厘米。阴道的生化和微生物环境能保护生殖道不遭受微生物入侵。

五、外生殖器官

1. 尿生殖前庭

尿生殖前庭指阴瓣到阴门之间的部分。它的前端由阴瓣与阴道连接，在腹侧壁阴瓣后方有尿道开口。在向阴道内插管时，方向要向前上方，否则插管会误入尿道。

2. 阴唇

阴唇是环绕阴道口的两对唇状组织。两片阴唇中间形成一个缝，称阴门裂。

3. 阴蒂

阴门内包含的球形凸起物即阴蒂，阴蒂黏膜上有感觉神经末梢。

第三节　掌握母牛的繁殖规律

一、发情与排卵

1. 发情与排卵规律

牛为全年多次周期发情。温暖季节，发情周期正常，发情表现明显。在天气寒冷、营养较差的情况下，牛将不表现发情。从上一次发情开始到下一次发情开始的间隔时间称为发情周期，牛的发情周期约为21天。壮龄牛、营养体况较好的牛，发情周期较一致，而老龄牛以及营养体况较差的牛发情周期较长。

发情周期的出现是卵巢周期性变化的结果。卵巢周期变化受丘脑下部、垂体、卵巢和子宫等所分泌激素相互作用的调控。在母牛的一个发情周期中，卵巢上的卵泡是以卵泡发育波的形式连续出现的。卵泡发育波是指一组卵泡同步发育。在1个卵泡发育波中，只有1个卵泡发育最快，成为该卵泡发育波中最大的卵泡，称为优势卵泡。其余的次要卵泡发育较慢、较小，一般迟于优势卵泡1~2天出现，且维持1天即退化。牛的1个发情周期中出现2个卵泡发育波较多见，个别牛有3个卵泡发育波。在多个卵泡发育波中，只在最后一个卵泡发育波中的优势卵泡能发育成熟并排卵，其余的卵泡均发生闭锁。卵泡的生长速度并不受同侧卵巢是否有黄体的影响，所以，黄体可以连续2次在同侧卵巢上出现。

卵泡的这种周期性活动一直持续到黄体退化为止。在黄体溶解时存在的那个优势卵泡就成为该发情周期的排卵卵泡，它在黄体溶解后继续生长发育，直至排卵。有2个卵泡发育波的，排卵的优势卵泡在发情的第10天出现，经11天发育后排卵，发情周期为21天。有3个卵泡发育波的，排卵的优势卵泡在发情周期的第16天出现，但只经7天发育即排卵，发情周期为23天。

一般根据卵巢上卵泡发育、成熟和排卵，以及黄体形成和退化两个阶段，将发情周期分为卵泡期和黄体期。卵泡期是指卵泡开始发育至排卵的时间，黄体期指卵泡破裂排卵后形成黄体直到黄体开始退化的时间。母牛发情周期的分期及其生理变化见表1-2。

表1-2 母牛发情周期的分期及其生理变化

阶段划分及天数	卵泡期		黄体期		
	发情前期 18~20	发情期 20~21	发情后期 2~5	休情期 6~15	发情前期 16~17
卵巢	黄体退化，卵泡发育，分泌雌激素，成熟后排卵		黄体形成，分泌黄体酮		黄体退化
生殖道	轻微充血、肿胀，腺体活动增加	充血肿胀，子宫颈口开放，黏液流出	充血肿胀消退，子宫颈口收缩	子宫内膜增生	子宫内膜及腺体复原
全身反应	无交配欲	有交配欲	无交配欲		

2. 母牛发情特点

(1) 发情持续期短 以性欲维持时间而言，牛是发情持续时间最短的家畜，平均只有18小时（范围10~24小时）。这给发情鉴定带来困难,稍不注意,就会错过配种时间。

(2) 对雌激素敏感 当牛有发情的表现时,卵巢上的卵泡体积很小,在有发情表现的初期,不易从直肠中触摸到。给牛注射少量的雌激素即能引起发情表现,说明牛对雌激素是很敏感的。因此牛发情时的精神状态和行为表现都比马、羊、猪强烈而明显,这就为目测发情提供了方便。

(3) 卵泡发育时间短、过程快 牛的卵泡从出现到排卵历时约30小时,所经历的时间比母马卵泡发育过程中的一个发育阶段还要短,如果人为地划分牛卵泡发育的阶段,在检查间隔时间稍长时,往往不能摸到其中的某一阶段,所以直肠检查发情状态的重要性远不如马、驴的重要。

(4) 排卵滞后 马、驴、羊、猪等家畜在没有排卵时,卵泡中还有大量的雌激素分泌,雌激素可使发情的精神、行为表现到排卵,雌激素水平降低之后才消失,牛却不然。牛的排卵发生在发情的精神表现结束后10~12小时,这是由于牛的性中枢对雌激素的反应很敏感,在敏感反应之后接着进入不应期,在牛性中枢进入不应期后即使血液中有大量雌激素流到性中枢,性中枢对雌激素已不起反应。牛的这一特点给发情后期的自然交配带来困难(拒绝交配),也给人工授精带来不便(输精时不安静,不利于操作)。

(5) 子宫颈口开张度小 母牛发情期子宫颈口开张的程度与马、驴、猪等家畜相比要小。这是由母牛子宫颈的解剖结构特点所决定的。母牛的子宫颈肌肉层特别发达,子宫颈管道很细窄,而且由黏膜构成了2~3圈横的朝向子宫颈外口的大皱褶,这就使得子宫颈管道变得更加细而弯曲,即使在母牛发情期间,子宫颈开张的程度也不显著。这种特点也为人工授精时,插入输精器带来了困难。

【提示】
在直肠把握输精操作中,输精器应注意避开子宫颈管中的环状皱褶,以使输精器通过子宫颈,将精液注射到子宫体部位,若注入阴道则受精率很低。

（6）发情结束后生殖道排血排卵后阴门出血　发情时，血中雌激素的分泌量增多，使母牛子宫黏膜内的微血管增生，进入黄体期后，血中雌激素的浓度急剧降低，引起血细胞外渗，所以母牛发情结束后1～3天，特别是第2天，可以从外阴部看到排出混有血迹的黏液。发情后的出血现象，一般育成牛占70%～80%，经产牛占50%～60%。

（7）产后第一次发情晚　马、驴可在产后10天左右发情配种，俗称热配，牛则不行。据统计，牛产后第一次发情时间大多在32～61天，较其他家畜相对晚些。这是因为母牛的胎儿胎盘与母体胎盘之间的连接比马、驴、猪等家畜紧密，产后生殖器官受损严重，恢复较慢，使发情时间推后。营养状况差的牛，产后第一次发情时间会更晚一些。因此，在生产中要注意观察产后第一次发情的时间，及时配种，以免拖配。

二、发情周期的内分泌调控

发情周期的规律性变化是生殖内分泌调节的结果。能够影响发情周期的激素有促性腺激素释放激素（GnRH）、促卵泡素（FSH）、促黄体素（LH）、雌激素（主要为雌二醇，E2）、孕激素（主要为孕酮）及前列腺素（PG）等。

1. 卵泡的发育与雌激素的分泌

在垂体GnRH的作用下，卵泡发育并产生雌激素。随着雌激素在血液中浓度的上升，母畜出现发情表现，同时引起GnRH的大量释放，使血液中GnRH的浓度急剧上升，这一排卵前的GnRH峰是诱发卵巢上成熟卵泡排卵的诱因。

2. 黄体的形成与退化

在发情前期，血中孕酮水平最低，排卵前的成熟卵泡颗粒层细胞在GnRH峰的作用下分泌孕酮，排卵后则随着卵泡细胞分化成黄体细胞，血中孕酮的水平上升。LH对孕酮的分泌是必不可少的，如果没有妊娠，子宫内膜产生的$PGF_{2\alpha}$浓度上升，通过子宫静脉透入卵巢动脉，进入卵巢，引起黄体退化。

三、受精过程

受精是指精子与卵子相遇，精子穿入卵子，激发卵子，形成雄性和雌性原核并融合在一起，形成一个具有双亲遗传性的细胞（合子）的过程。这一过程包括以下几个环节。

1. 精子、卵子受精前的准备

公牛在交配时，将精液射入母牛的子宫颈口附近。因此，精子到达受精部位需要一个运行的过程。精子运行的动力来自本身的运动，但主要借助母牛生殖道的收缩和蠕动。处在发情期母牛的生殖道收缩强烈，精子运行很快，只需数分钟到数十分钟，即可到达受精部位。但进入母畜生殖道的精子，并不能马上和卵子结合完成受精，而必须经过和母牛生殖道分泌物（确切讲是存在于发情期前后2天的输卵管液中的获能因子）混合，做某种生理上的准备，如除掉精子头部质膜上的去能因子（或抗受精素）、引发顶体反应（即精子头部质膜发生形态上改变的同时，激活顶体中含有的顶体酶）等后，才能获得受精能力，这个过程称为获能。卵子在排出后，随卵泡液进入输卵管伞后，借输卵管纤毛的颤动、平滑肌的收缩以及腔内液体的作用，向受精部位运行，经 8～10 小时到达受精部位壶腹部，在此处与壶腹部的液体混合后，完成获能，卵子才具有受精能力。

一般牛的精子存活时间为 15～24 小时，卵子为 8～12 小时。所以受精最好赶在母牛排卵前，以便受精时，在受精部位有活力旺盛的精子等候卵子。

2. 受精的生理过程

首先，当精子、卵子在输卵管上 1/3 的壶腹部相遇后，精子顶体释放一种透明质酸酶溶解卵子周围的放射冠细胞。进入放射冠的精子，顶体能分泌一种叫顶体素的酶，在包围卵子的透明带上溶出一条通道而穿入透明带内，触及卵黄膜，激活处于休眠状态的卵子，同时卵内发生收缩，释放某种物质，引发透明带反应，阻止后来的精子再进入透明带。接着精子进入卵黄，立即引起卵黄膜产生一种变化，拒绝新的精子进入卵黄，此即为卵黄的封闭作用。进入卵黄的精子尾部脱落，头部膨大变圆，形成雄原核，不久，卵子进行第 2 次成熟分裂，排出第 2 个极体，形成雌原核。两性原核形成后，相互移动，彼此接近，随即便融合在一起，核仁、核膜消失，来自父、母双亲的 2 组染色体合并为 1 组。至此，受精即告结束，受精后的卵子称为合子。

四、妊娠与分娩的生理变化

1. 妊娠过程

牛受精卵在壶腹部停留到排卵后 72 小时，于第 5 天进入子宫。7~8 天包围受精卵的透明带崩解，12~13 天，胚泡呈椭圆形或管状，继而迅速成长为带状。发育着的胚泡长出绒毛膜，内含液体悬着胚胎，营养物质即可从母体子宫经过脐带进入胚胎，绒毛迅速延长，第 15 天占有原子宫角长度的 2/3，第 20 天开始进入另一子宫角，30~35 天绒毛膜和子宫黏膜通过胎盘建立牢固的联系。胎膜在 180~210 天以前生长很快，而胎儿在妊娠 120 天以后迅速生长，但增重最快是在妊娠的最后 1 个月。在配种后 280 天左右分娩。一般肉牛的妊娠期比乳牛长，怀双胎母牛的妊娠期缩短 3~6 天，怀公犊的妊娠期比怀母犊的妊娠期平均长 1 天。2 岁左右牛的妊娠期比成年母牛的妊娠期平均长 1 天。冬、春季分娩的牛的妊娠期要比夏、秋季的平均长 3 天左右。

2. 胎膜和胎盘

胎膜是胎儿本体以外包被着胎儿的几层膜的总称，是胎儿在母体子宫内发育过程中的临时性器官，其主要作用是与母体间进行物质交换，并保护胎儿的正常生长发育。胎膜主要包括卵黄膜、羊膜、尿膜、绒毛膜。卵黄膜存在时间很短，至 28~50 日龄即完全消失，羊膜在最内侧，环绕着胎儿，形成的羊膜腔内有羊水，最外层为绒毛膜，3 种膜因相互紧密接触分别形成了尿膜羊膜、尿膜绒毛膜和羊膜绒毛膜。尿膜羊膜和尿膜绒毛膜共同形成一个腔，称为尿膜腔，内有尿水。羊膜腔内的羊水和尿膜腔内的尿水总称为胎水。胎水的作用包括：保护胎儿正常发育；防止胎儿与周围组织或胎儿本身的皮肤相互粘连；分娩时为产道天然的润滑剂，以利于胎儿排出。胎盘通常是指由尿膜绒毛膜与子宫黏膜发生联系所形成的特殊构造，其中尿膜绒毛膜部分为胎儿胎盘，子宫黏膜部分为母体胎盘。胎盘上有丰富的血管，是一个极其复杂的多功能器官，具有物质转运、合成、分解、代谢、分泌激素等功能，以维持胎儿在子宫内正常发育。牛的胎盘为子叶型胎盘，胎儿子叶上的绒毛与母体子叶上的腺窝紧密契合，胎儿子叶包着母体子叶。胎儿与胎膜相联系的带状物称为脐带。牛的脐带长30~40厘米，内有1条脐尿管、2条脐动脉和2条脐静脉，动、静脉快到达尿膜绒毛膜时，各分为2支，再分成一些小支进入绒毛膜，又分成许多小支密布在尿膜绒毛膜上。

3. 妊娠期内分泌的生理变化

妊娠期间，内分泌系统发生明显改变，各种激素协调平衡以维持妊娠。

（1）雌激素 较大的卵泡和胎盘能分泌少量的雌激素，但维持在最低水平。分娩前雌激素分泌增加，到妊娠9个月时分泌明显增加。

（2）孕激素 在妊娠期间不仅黄体分泌孕酮，而且肾上腺、胎盘组织也能分泌孕酮，血液中孕酮的含量保持不变，直到分娩前数天孕酮水平才急剧下降。

（3）促性腺激素 在妊娠期间由于孕酮的作用，使垂体前叶分泌促性腺激素的机能逐渐下降。

4. 妊娠期生殖器官的变化

由于生殖激素的作用，胎儿在母体内不断发育，促使生殖系统也发生明显的变化。

（1）卵巢 妊娠期卵巢中黄体变化明显。如果配种没有妊娠则黄体消退，配种妊娠后，黄体成为妊娠黄体继续存在，并以最大的体积维持存在于整个妊娠期，持续不断地分泌孕酮，直到妊娠后期黄体才逐渐消退。

（2）子宫 在妊娠期间，随着胎儿的增长，子宫的容积和重量不断增加，子宫壁变薄，子宫腺体增长、弯曲。

（3）子宫颈 妊娠后子宫括约肌收缩、张紧，子宫颈分泌的化

学物质发生变化，分泌的黏液稠度增加，形成子宫颈栓塞，把子宫颈口封闭起来。

（4）阴道和外阴部 阴道黏膜苍白，黏膜上覆盖有从子宫颈分泌出来的浓稠黏液。阴唇收缩，阴门紧闭，直到临分娩前变为水肿而柔软。

（5）子宫韧带 子宫韧带中平滑肌纤维及结缔组织增生变厚，由于子宫重量增加，子宫下垂，子宫韧带伸长。

（6）子宫动脉 子宫动脉变粗，血流量增加，在妊娠中后期出现妊娠脉搏。

5. 妊娠期体况的变化

初次妊娠的青年母牛，在妊娠期仍能正常生长。妊娠后新陈代谢旺盛，食欲增加，消化能力提高，所以，母畜的营养状况改善，体重增加，毛色光润，血液循环系统加强，脉搏、血流量增加，供给子宫的血流量明显增大。

6. 分娩期间生理特点

母牛在分娩过程中由于产道、胎儿及胎盘的关系而表现出以下特点。

第一，产程长，容易发生难产。这是因为牛的骨盆腔横径较小，骨盆倾斜度较小，造成骨盆顶部能活动部分即髂关节及荐椎靠后，当胎儿通过骨盆时，其顶部不易向上扩张。骨盆侧壁的坐骨上棘很高，而且向骨盆内倾斜，也缩小了骨盆腔的横径。附着于骨盆侧壁及顶部的荐坐骨韧带窄短，使骨盆腔不易扩大。牛的骨盆轴呈S状弯曲，胎儿在移动产出过程中随这一曲线改变方向，延长了产程。骨盆的出口由于坐骨粗大且向上斜，妨碍了胎儿的产出。牛胎儿的头部、肩胛围及骨盆围较其他家畜大，特别是头部额宽，是胎儿最难产出的部分。一般肉用初产母牛难产率较高，产公犊的难产率比产母犊的高。

第二，胎膜排出期长，易发生滞留。牛的胎盘属于上皮绒毛膜与结缔组织绒毛膜混合型，绒毛和子宫阜的腺窝结缔组织粘连，胎儿、胎盘包被着母体胎盘，子宫阜上缺少肌纤维的收缩。另外，母体胎盘呈蒂状凸出于子宫黏膜，子宫肌的收缩不能从母体胎盘上脱落下来，所以胎膜的排出时间短者需要3~5小时，长者则需10多个小时。长时间胎膜不能排出，属于胎膜滞留。由于牛的胎盘结构紧密，分娩过程中，有相当多的胎盘尚未剥离，所以，胎儿娩出前一直可以得到氧气供应，即使产程长一点也不会造成胎儿窒息死亡。

【提示】

在生头胎时，因母牛生殖系统还没发育完成，产道相对狭窄，在生产实践中，应特别重视肉牛初产时的接产工作，万一发生难产，若不及时处理则会发生重大损失。

7. 产后生理特点

母牛产后的生理过程包括子宫的恢复、恶露的排出、泌乳和分娩后的发情与排卵几个环节。

（1）子宫的恢复 母牛子宫在排出胎儿及胎膜后2~3小时仍表现出较强的收缩和蠕动，即产后阵缩。在第4天以后，这种收缩力逐渐减弱。产后2周子宫阜急剧萎缩，脂肪变性，随后子宫壁中增生的血管、肌纤维和结缔组织部分变性被吸收，肌纤维细胞内的胞浆蛋白也逐渐减少。肌细胞的缩小使子宫变小，子宫壁变薄，同时，子宫黏膜上皮增生，母体胎盘的黏膜变性脱落，新的子宫黏膜上皮形成。子宫位置也由腹腔向骨盆腔回缩，最后子宫颈收缩封闭，子宫也基本上恢复到怀孕前的状态。但子宫孕角不能完全恢复原状，还是比怀孕前增大许多。随着怀孕次数增加，子宫体积变大，且位置前移下垂。

（2）恶露排出 牛产后恶露的彻底排出一般为10~12天，如果产后3周还有分泌物排出，表明子宫内发生了病理变化，需进行药物治疗。

（3）泌乳 母牛在产后立即泌乳，最初五六天分泌初乳，乳汁浓稠，含有丰富的抗体，有轻度通便作用，对新生犊牛的抗病力及健康发育有重要意义。

（4）发情和排卵 产后母牛约在40天后开始发情。

第四节　了解生殖激素的作用并在母牛繁殖中合理应用

一、生殖激素的种类与作用

1. 生殖激素的种类

调控生殖功能的激素有多种，母牛下丘脑分泌促性腺激素释放激素（GnRH）、催产素（缩宫素），垂体分泌促性腺激素、促卵泡素（FSH）、促黄体素（LH）、催乳素（促乳素 PRL），卵巢分泌孕酮（P4）、雌激素（E4）等，具体见表1-3。

表1-3　主要生殖激素的名称、来源和生理功能

名　称	英文缩写	来　源	主要生理功能
促性腺激素释放激素	GnRH	下丘脑	促进垂体前叶释放促黄体素（LH）及促卵泡素（FSH）
促卵泡素（卵泡刺激素）	FSH	垂体前叶	促使卵泡发育成熟，促进精子产生
促黄体素（卵泡刺激素）	LH	垂体前叶	促使卵泡排卵，形成黄体，促孕酮、雄激素分泌
促乳素（催乳素或促黄体分泌素）	PRL（LTH）	垂体前叶	刺激乳腺发育及泌乳，促进黄体分泌孕酮，促进睾酮分泌
催产素	OXT	下丘脑合成垂体后叶释放	促进子宫收缩、排乳
（人）绒毛膜促性腺激素	HCG	灵长类胎盘绒毛膜	与 LH 相似
孕马血清促性腺激素	PMSG	马胎盘	与 FSH 相似
雌激素（雌二醇为主）	E_2	卵巢、胎盘	促进发情，维持第二性征；促进雌性生殖管道发育，增强子宫收缩力

（续）

名　　称	英文缩写	来　源	主要生理功能
孕激素（孕酮为主）	P_4	卵巢、黄体、胎盘	与雌激素协同调节发情，抑制子宫收缩，维持妊娠，促进子宫腺体及乳腺泡的发育，抑制促性腺激素
雄激素（睾酮为主）		睾丸间质细胞	维持雄性第二性征和性欲，促进副性器官发育及精子产生
松弛素		卵巢、胎盘	分娩时促使子宫颈、耻骨联合、骨盆韧带松弛，妊娠后期保持子宫体松弛
前列腺素	PG	广泛分布，精液中最多	溶解黄体、促进子宫平滑肌收缩等
外激素			不同个体间的化学通讯物质

母牛生殖功能的调控主要依靠体液，也就是通过内分泌激素进行。这些激素分泌和作用的部位主要有丘脑、脑垂体、卵巢。卵巢的功能受丘脑与垂体的调节，而卵巢分泌的激素又反馈地作用于丘脑和垂体，形成丘脑—垂体—卵巢反射轴，通过反射、反馈达到平衡、调节卵巢功能，维持母牛的发情周期、妊娠、分娩和哺乳等。

当前，很多激素已能工厂化生产，有的激素也有了替代品，这些外源激素已广泛地应用于母牛的生殖控制。

2. 生殖激素的作用特点

（1）生殖激素必须与其受体结合才能产生生物学效应　各种生殖激素均有其一定的靶器官或靶细胞，必须与靶器官中的特异性受体或感受器结合后才能产生生物学效应。

（2）生殖激素在动物机体中由于受分解酶的作用，其活性丧失很快　生殖激素的生物学活性在体内消失一半所需的时间，称为半存留期或半衰期。半存留期短的生殖激素，一般呈脉冲性释放，必须多次提供才能产生生物学作用。半存留期长的激素（如孕马血清促性腺激素）一般只需一次供药就可产生生物学效应。

（3）微量的生殖激素便可产生巨大的生物学效应　生理状态下

动物体内生殖激素含量极低（血液中的含量一般只有 $10^{-12} \sim 10^{-9}$ 克/毫升），但所起的生理作用十分明显。例如动物体内的孕酮水平只要达到 6×10^{-9} 克/毫升，便可维持正常妊娠。

（4）生殖激素的生物学效应与动物所处生理时期及使用方法有关 同种激素在不同生理时期或不同使用方法及使用剂量下所起的作用不同。例如，在动物发情排卵后一定时期连续使用孕激素，可诱导发情，但在发情时使用孕激素，则可抑制发情；在妊娠期使用低剂量的孕激素可以维持妊娠，但如果使用大剂量孕激素后突然停止使用，则可终止妊娠，导致流产。

（5）生殖激素具有协同或拮抗作用 某种生殖激素在另一种或多种生殖激素的参与下，其生物学活性显著提高，这种现象称为协同作用。例如，一定剂量的雌激素可以促进子宫发育，在孕激素协同作用下子宫发育更明显。相反，一种激素如果抑制或减弱另一种激素的生物学活性，则该激素对另一种激素具有拮抗作用。例如，雌激素具有促进子宫收缩的作用，而孕激素则可抑制子宫收缩，即孕激素对雌激素的子宫收缩作用具有拮抗效应。

生殖激素反馈调节作用及其与受体结合的特性，是引起某些激素间具有协同或拮抗作用的主要原因。

二、生殖激素在肉牛繁殖中的应用

1. 促性腺激素释放激素（GnRH）

促性腺激素释放激素（简称 GnRH），也称为促黄体激素释放素（简称 LHRH 或 LRH），可刺激垂体合成和释放促黄体激素和促卵泡激素，促进卵泡生长成熟、卵泡内膜粒细胞增生并产生雌激素，刺激母畜排卵，黄体生成，促进公畜精子生成并产生雄激素。在肉牛繁殖上，GnRH 主要用于诱发排卵，治疗产后不发情，还可用在同期发情工作上，输精时注射 GnRH 类似物 RH-A_3 $200 \sim 240$ 微克可提高情期受胎率，治疗公畜的少精症和无精症。

2. 催产素（OXT）

催产素有以下功能。

1）催产素可以刺激哺乳动物乳腺肌上皮细胞收缩，导致排乳。

当犊牛吮乳时，生理刺激传入脑部，引起下丘脑活动，进一步促进神经垂体呈脉冲性释放催产素。在给牛挤奶前按摩乳房，就是利用排乳反射引起催产素水平升高而促进乳汁排出。

2）催产素可以刺激子宫平滑肌收缩。母牛分娩时，催产素水平升高，使子宫阵缩增强，迫使胎儿从阴道产出。产后犊牛吮乳可加强子宫收缩，有利于胎衣排出和子宫复原。

3）催产素可以刺激子宫分泌前列腺素 $F_{2\alpha}$，引起黄体溶解而诱导发情。

4）催产素还具有加压素的作用，即具有抗利尿和使血压升高的功能。同样，加压素也具有微弱催产素的作用。

催产素常用于促进分娩，治疗胎衣不下、子宫脱出、子宫出血和子宫内容物（如恶露、子宫积脓或木乃伊）的排出等。雌激素可增强子宫对催产素的敏感性。

【注意】

在催产素用于催产时必须注意用药时期，在产道未完全扩张前大量使用催产素，易引起子宫撕裂。催产素一般用量为 30~50 单位/头

产后催产素的释放有助于恶露排出和子宫复原，还可引起乳腺肌上皮细胞收缩，加速排乳。大剂量催产素具有溶解黄体的作用；小剂量催产素可增加宫缩，缩短产程，起到催产作用，促使死胎排出，治疗胎衣不下、子宫蓄脓和放乳不良等。

【小知识】

在人工授精前 1~2 分钟，肌内注射或子宫内注入 5~10 单位催产素，可提高受胎率；临产母牛，先注射地塞米松，48 小时后静脉注射 5~7 微克/千克体重催产素，可诱发 4 小时后分娩。

3. 促卵泡素（FSH）

FSH 促进卵泡生长发育，与促黄体素配合，可促使卵泡发育、成熟、排卵和卵泡内膜粒细胞增生并分泌雌激素，对于公畜则可促进精

细管的生长、精子生成和雄激素的分泌。在肉牛繁殖上，FSH 可促使母牛提早发情配种，诱导泌乳期乏情母牛发情；连续使用 FSH，并配合促黄体激素可进行超排处理，治疗卵巢机能不全、卵泡发育停滞等卵巢疾病及提高公牛精液品质。

4. 促黄体素（LH）

LH 对已被 FSH 预先作用过的卵泡有明显的促进生长作用，诱发排卵，促进黄体形成，促进精子充分成熟。在肉牛繁殖上，LH 可诱导排卵，预防流产，治疗排卵延迟、不排卵、卵泡囊肿等卵巢病，并可治疗公牛性欲减退、精子浓度不足等不育疾病。

5. 孕马血清促性腺激素（PMSG）

PMSG 的作用类似 FSH 的作用，也有 LH 的作用，可促进母牛卵泡发育及排卵，促使公牛精细管发育、分化和精子生成。在肉牛繁殖上，PMSG 用以催情，母牛肌内注射 PMSG 1000～2000 国际单位，3～5 天后可出现发情；刺激超数排卵，增加排卵率；注射 PMSG 1000～2000 国际单位，促进黄体消散，治疗持久黄体。

6. 人绒毛膜促性腺激素（HCG）

HCG 的作用类似 LH 的作用，促进卵泡发育、成熟、排卵、黄体形成，并促进孕酮、雌激素合成，同时可促进子宫生长；对于公牛，可促进睾丸发育、精子的生成，刺激睾酮和雄酮的分泌。在肉牛繁殖上，HCG 促进卵泡发育成熟和排卵，增强超排和同期排卵效果，治疗排卵延迟和不排卵，治疗卵泡囊肿和促使公牛性腺发育。

7. 孕酮（P_4）

孕酮即黄体酮，与雌激素协同促进生殖道充分发育；少量孕酮可与雌激素协同作用促使母牛发情，大量孕酮则抑制发情，维持妊娠；刺激腺管已发育的乳腺腺泡系统生长，与雌激素共同刺激和维持乳腺的发育。在肉牛繁殖上，孕酮用于诱导同期发情和超数排卵，进行妊娠诊断，诊断繁殖障碍，治疗繁殖疾病。

8. 雌激素（E_2）

雌激素主要功能如下。

1）在发情期促使母牛出现发情表现和生殖道发生生理变化。雌激素能促使阴道上皮增生和角质化，以利于交配；促使子宫颈管道变松弛，并使其黏液变稀薄，有利于精子的通过；促使子宫内膜及肌层增长，刺激子宫肌层收缩，有利于精子运行，并为妊娠做好准备；促进输卵管的增长和刺激其肌层活动，有利于精子和卵子运行，促使母牛有发情表现。

2）促使雄性个体睾丸萎缩，副性器官退化，最后造成不育，又称为化学去势。

3）促进长骨骺部骨化，抑制长骨增长，因而成熟的雌性个体体型较雄性小。

4）促使母牛骨盆的耻骨联合变松，骨盆韧带松软以利于分娩。

5）怀孕期间，胎盘产生的雌激素作用于垂体，使其产生促黄体分泌素，对于刺激和维持黄体的机能很重要。当雌激素达到一定浓度，且孕酮达到适当的比例时，可使催产素对子宫肌层发生作用，并给开始分娩造成必需的条件。

近年来，合成类雌激素物质在畜牧生产和兽医临床上应用很广。此类物质虽然在结构上与天然雌激素不相同，但其生理活性却很强，具有成本低、可口服（可被肠道吸收、排泄快）等特点，因此，成为非常经济的天然的代用品。最常见的合成雌激素有己烯雌酚、双烯雌酚、苯甲酸雌二醇、二丙酸雌二醇、戊酸雌二醇和雌三醇等。

总之，雌激素可以刺激并维持母牛生殖道的发育；刺激性中枢，使母牛出现性欲和性兴奋；使母牛发生并维持第二性征；刺激乳腺管道系统的生长；刺激垂体前叶分泌促乳素；促进骨骼对钙的吸收和骨化；在肉牛繁殖上，可用于催情，增加同期发情效果；排除子宫内存留物，治疗慢性子宫内膜炎。

9. 前列腺素（PG）

天然前列腺素中与繁殖关系密切的有前列腺素 E 型与前列腺素 F 型，前列腺素 F 型可溶解黄体，影响排卵，如 $PGF_{2\alpha}$ 的促排卵作用。前列腺素 E 型能抑制排卵，影响输卵管的收缩，调节精子、卵子和合子的运行，有利于受精；刺激子宫平滑肌收缩，增加催产素的分泌和子宫对催产素的敏感性；提高精液品质。在肉牛繁殖上，前列腺素

$PGF_{2\alpha}$可用于调节发情周期,进行同期发情处理;用于人工引产,治疗持久黄体、黄体囊肿等繁殖障碍,并可用于治疗子宫疾病;对公牛,则可增加精子的射出量,提高人工授精效果。

氯前列烯醇是一种人工合成的前列腺素 $PGF_{2\alpha}$ 衍生物,是一种高活性的溶黄体前列腺素类似物,由于其效果好,价格低廉,使用方便,被广泛应用于母牛同期发情、诱导发情、卵巢及子宫疾病的治疗等方面。

【注意】

合理使用生殖激素能明显提高牛的繁殖效率,但要注意不要滥用,注意使用的时机和剂量,还要注意其在动物产品中的残留问题。

第二章
科学调控环境,向环境要效益

第一节 牛场环境调控方面的误区

一、观念落后,不重视母牛的生活环境

许多养牛户对肥育肉牛比较关心,但对繁殖母牛却不太重视,认为母牛不育肥就不需要太好的环境条件。母牛舍建得非常简陋,经常是利用房前、屋后、夹道等空地建简易圈养母牛,栏舍结构极不科学,冬不御寒、夏不防暑。甚至有的母牛舍地面长期积水积尿,而母牛长期关在圈中,潮湿阴暗,臭气熏天,严重影响母牛的健康,当然也会严重影响母牛的繁殖效率。

养牛户最好按照要求设计、建设繁殖母牛舍,面积充足,能够合理通风采光,保持干燥。牛舍要保温隔热,避免夏季过热和冬季过冷。给母牛提供适宜的居住环境,才可以保证其繁殖机能的正常。

二、母牛繁殖场址选择和布局不合理

许多养牛户受条件限制,往往忽视牛场场址选择和规划布局,如养殖场(小区)离公路、工厂、居民区太近,甚至有些就在村里面,选址随意性大,不符合《中华人民共和国动物防疫法》(以下简称《动物防疫法》)和《中华人民共和国畜牧法》(以下简称《畜牧法》)的相关规定。场区布局也不太科学,如草料库、青贮池、犊牛舍等在下风向,而隔离舍、病牛舍、粪污处理设施等却在上风向,净道和污道不分,交叉感染以及发生疫病的风险加大。

养牛户最好按照科学的选址原则来选择牛场地址,应选择在地势高燥、地形平坦、土质良好、水质洁净、水量充足且取用方便、用电

便利、交通便捷，距离村庄、工厂、交通要道、水源地等1000米以上的地方。建设前，要先向当地兽医卫生行政主管部门提出申请，经审核批准后方可建设。

场区内各区域布局要合理，生产区和办公区要严格分开。各个房舍之间依照功能关系合理设置，场区内的净道和污道不能交叉。场门、生产区和牛舍出入口处应设置消毒池。

三、不重视废弃物的处理，随处堆放和不进行无害化处理

牛场的废弃物主要有粪便和污水。废弃物内含有大量的病原微生物，还会分解产生氨气、硫化氢等各种有害气体。这些有害气体是牛场主要的污染源，需要集中收集，然后进行无害化处理。但生产中许多牛场不重视废弃物的贮放和处理，如没有合理地规划和设置粪污存放区和处理区，随便堆放，也不进行无害化处理，结果场区内污水横流，蚊蝇肆虐，臭气熏天，土壤、水源严重污染，细菌、病毒、寄生虫卵和媒介虫类大量滋生传播，对牛场和周边环境都造成严重的污染。

对此，养牛户要树立正确的观念，高度重视废弃物的处理。在牛场建设时就要科学规划废弃物存放和处理区，在实际生产中，按照要求及时收集粪污，并采取发酵、生产沼气、生产有机肥等多种措施，控制牛场大环境。

四、不重视牛舍内小环境调控

牛舍内的温度、湿度、空气、光照等对母牛都有很大的影响，很多养牛户对这些方面也不太重视。如果夏季高温时若没有采取有效的防暑降温措施，轻者影响母牛繁殖率，重者造成牛只中暑死亡。如果冬季防寒措施不到位，牛体被寒风侵袭，喝冰水，就有可能会造成孕牛流产。其他如牛舍通风不良、光照不足等都会对母牛产生不利的影响。

为解决这些问题，一方面在牛舍设计时要科学规范，配备环境调控设施，如风扇、喷淋设施、通风设施、采光设施等；另一方面，在生产中要有合理的管理制度，如规定通风、降温的时间、频率等。舍内粪污要及时清理，以免污染牛只，增大湿度。

第二节 提高环境效益的主要途径

一、合理选址

1. 符合当地规划要求

场址不得位于《畜牧法》明令禁止的区域,土地使用符合相关法律法规与区域内土地使用规划。《畜牧法》明令禁止的区域指:生活饮用水的水源保护区、风景名胜区以及自然保护区的核心区和缓冲区;城镇居民区、文化教育科学研究区等人口集中区域;法律、法规规定的其他禁养区域。

2. 地理位置与周边环境

场址距离生活饮用水源地、居民区和主要交通干线,其他畜禽养殖场及畜禽屠宰加工、交易场所500米以上,距离一般交通道路200米以上,还要避开对牛场产生污染的工矿企业,特别是化工类企业。符合兽医卫生和环境卫生的要求,周围无传染源,也要远离高噪声的工厂。噪声对母牛的生长发育和繁殖性能均可产生不良影响。选择放牧模式的,要由专家实地调研有毒植物、寄生虫的情况,写出调研分析报告,并制定出防控措施。牧场建立的临时牛圈应避开水道、悬崖边、低洼地和坡下等处。

3. 地势与土质

要求地势高燥,平坦开阔,地形整齐而略有坡度(坡度在1%~3%较为理想),地下水位低(2米以下),排水良好,背风向阳。

场地土质以沙壤土为理想。沙壤土中沙粒与黏粒的比例合理均匀,抗压性强,透水性好,易保持干燥,雨水、尿液不易积聚,雨后没有硬结,有利于牛舍及运动场的清洁与干燥,有利于防止蹄病及其他疾病的发生。切记不可建在低洼处,以免排水困难、汛期积水及冬季防寒困难。低洼地潮湿、泥泞,草料容易霉变,设施容易损坏,而且蚊蝇滋扰严重,不利于牛的健康。

4. 水源

牛每天饮用水量很大,1头中等体重的牛,每天饮水量为20~30

升。环境温度高或采食干饲料时，饮水量还要增加。要有充足的符合卫生条件的水源，保证生产、生活及人畜饮水。水源要求水质良好，不含毒物，便于取用，便于保护，确保人畜安全和健康。通常以井水、泉水等地下水为好，而河、溪、湖、塘等水应经过处理后使用。

5. 交通

牛的进出、大批饲草饲料的购入、牛粪的运出，运输量很大，因此，牛场离公路不能太远，应建在交通方便的地方。随着机械化设备的使用，对连通交通主干道的道路和场区道路等都有很高的要求。场址应距饲料地或放牧地较近，交通便利，有专用车道直通到养殖场。

6. 电力

牛场应该具有可靠的电源，机械化程度较高的牛场必须自备发电机组，以便在断电情况下能够维持关键环节的正常运转。

7. 环境温湿度

牛的生物学特性是相对耐干寒、不耐湿热。由于我国南北温度和湿度等气候条件差异很大，各地的牛场建设应因地制宜。南方的牛舍应首先考虑防暑降温，减少湿度；北方的牛舍应防风、防寒和保温，避开西北方向的风口和长形谷地。

牛的生产能力受环境因素影响较大，在选址、设计和生产过程中应注意以下因素。

（1）温度 气温对牛体的影响很大，气温变化不同程度地影响牛体健康及其生产力的发挥。环境温度在 5~21℃时，牛的增重速度最快。温度过高，牛增重缓慢；温度过低，牛提高代谢率以增加热量维持体温，导致饲料消耗增加。因此，夏季要做好防暑降温工作，产房及封闭式隔离牛舍安装电扇及喷淋设备，运动场栽树或搭凉棚，使高温对牛生产和繁殖所造成的影响降到最低。冬季要注意防寒保暖，尽量给肉牛提供适宜的环境温度。

（2）湿度 湿度对牛体机能的影响，主要是通过水分蒸发影响牛体散热。在一般温度环境中，湿度对牛体热调节没有影响，但在高温和低温环境中，湿度大小对牛体热调节产生作用。一般是湿度越大，体温调节范围越小。高温高湿会导致牛的体表水分蒸发受阻，体热散发受阻，体温上升，机体机能失调，呼吸困难，最后致死，是最不利于牛生长的环境。低温高湿会增加牛体热散发，使体温下降，生长发育受阻，饲料转化率低，增加了生产成本。另外，高湿环境还为各类病原微生物及各种寄生虫的繁殖提供了有利条件，使牛患病率上升。一般来说，当温度适宜时，湿度对牛生长发育影响不大，但湿度过大会加剧高温或低温对牛的影响。

（3）**气流** 气流使牛体周围的冷热空气不断地对流，带走牛体所散发的热量，起到降温作用。寒冷季节（对牛的生长发育不利），如受大风袭击，会加重低温效应，使牛的抵抗力降低（尤其是犊牛），易患呼吸道、消化道疾病。

（4）**光照** 冬季牛体受日光照射有利于防寒，对牛体健康有利；夏季高温下，光照会使牛体温升高，导致热射病（中暑）。因此，夏季应采取遮阴措施，加强防暑。光照不仅对牛繁殖有显著作用，对牛生长发育也有一定的影响，光照充足有利于日增重的提高。

【提示】

光照对调节母牛繁殖功能有很重要的作用，缺乏光照会引起生殖功能障碍，使牛不发情。繁殖母牛最好牧饲，以充分获得光照，舍饲时要有运动场。

（5）**尘埃和有害气体** 新鲜的空气是促进牛新陈代谢的必需条件，并可减少疾病的传播。空气中飘浮的灰尘是病原微生物附着和生存的好地方。为防止疾病的传播，一定要避免灰尘飞扬，尽量减少空气中的灰尘，保持空气中二氧化硫、二氧化碳、总悬浮物颗粒、吸入颗粒等各项指标符合空气环境质量良好等级，减少呼吸道疾病的发生，促进牛的生长和繁殖。

（6）**噪声** 噪声对牛的生长发育和繁殖性能会产生不良影响。牛在较强噪声环境中生长发育缓慢，繁殖性能下降。

二、合理进行场区布局

1. 设计原则

修建牛舍的目的是给牛创造适宜的生活环境，保障牛的健康和生产的正常运行。养牛户的目的是花较少的资金、饲料、能源和劳力，获得更多的畜产品和较高的经济效益。为此，设计牛舍时应掌握以下原则。

（1）为牛创造适宜的环境　适宜的环境可以充分发挥牛的生产潜力，提高饲料利用率。一般来说，牛的生产力20%取决于品种，40%~50%取决于饲料，20%~30%取决于环境。不适宜的环境温度可使牛生产力下降10%~30%。此外，即使喂给营养全面的饲料，如果没有适宜的环境，饲料的利用率也会降低。因此，建设牛场时，必须符合牛对各种环境条件的要求，包括温度、湿度、通风、光照，空气中的二氧化碳、氨、硫化氢，为牛创造适宜的环境。

（2）要符合生产工艺要求　牛的生产工艺包括牛群的组成和周转方式、运送草料、饲喂、饮水、清粪等，也包括测量、称重、疾病防治、生产护理等技术措施。牛场建筑必须与本场生产工艺相结合，否则，必将给生产造成不便，甚至使生产无法进行。

（3）严格卫生防疫，防止疫情传播　流行性疾病对牛场会形成威胁，造成经济损失。通过修建标准化牛场，为牛创造适宜环境，可防止或减少疾病发生。此外，修建牛场时还应特别注意卫生要求，以利于兽医防疫制度的执行。要根据防疫要求合理进行场地规划和建筑布局，确定牛舍的朝向和间距，设置消毒设施，合理安置污物处理设施等。

2. 场区与外环境的隔离

场区与外环境之间的隔离以从外到内设置防疫沟、隔离林带、围墙三道隔离障碍为最佳。

3. 场内分区布局

牛场一般分生活区、生产区、办公区（管理区）和粪污处理及病牛隔离区。四个区的规划是否合理，各区建筑物布局是否得当，直接关系到牛场的劳动生产效率；场区小气候状况和兽医防疫水平直接影响经济效益。

（1）生活区　职工生活区应在牛场上风向和地势较高地段，并与生产区保持100米以上的距离，以保证生活区良好的卫生环境。

（2）生产区 包括主生产区和生产辅助区。

1）主生产区是牛场的主要操作区，全牛场的主生产区由一定数量的牛舍组成，牛舍按照地形地貌特点进行安排，相对集中地分成小区。每个小区的牛舍排列必须使草料道和粪道分开，互不交叉。主生产区主要包括牛舍、运动场、积粪场等，这是牛场的核心，应设在场区地势较低的位置。各牛舍之间要保持适当距离，布局整齐，以便防疫和防火，但也要适当集中，以节约水电线路管道，缩短饲料及粪便的运输距离，便于科学管理。

2）生产辅助区包括饲料库、干草棚、饲料加工车间、青贮池、机械车辆库、授精室等。饲料库、干草棚、饲料加工车间和青贮池离牛舍要近一些，位置适中，便于车辆运送草料，减小劳动强度，但必须防止牛舍和运动场因污水渗入而污染草料。所以，生产辅助区一般应建在地势较高的地方。

主生产区和生产辅助区要用围栏或围墙与外界隔离。门口设立消毒室、更衣室和车辆消毒池，严禁非生产人员出入场内，出入人员和车辆必须经消毒室或消毒池进行消毒。

（3）办公区（管理区） 办公区是经营的中心，包括办公室、财务室、接待室、档案资料室、活动室、实验室等。办公区要和生产区严格分开，保持50米以上距离。办公区要接近道路和电源，地点在生产区的主导风向上方。

（4）粪污处理及病牛隔离区 该区主要包括兽医室、隔离牛舍、病死牛处理及粪污储存与处理设施。此区设在下风向，地势较低处，应与生产区距离100米以上。病牛区应便于隔离，单独通道，便于消毒，便于污物处理等。粪污处理区应处于地势最低的区域，避免雨季污水漫延到场区。

4. 牛舍

母牛繁育场要分别建有单独的母牛舍、犊牛舍、育成牛舍、育肥牛舍，并建有运动场。

5. 运动场（彩图13）

（1）运动场的重要性 运动场是牛每天定时到舍外自由活动、

休息的地方，使牛受到外界气候因素的刺激和锻炼，增强机体代谢能力，提高抗病力。运动对骨骼、肌肉、循环系统、呼吸系统等都会产生深刻的影响，尤其是正处在生长发育旺盛时期的犊牛，运动显得更重要。如果后备牛的运动不足而精饲料又过多，则容易发胖，体短肉厚，个子小，早熟早衰，利用年限短。

舍饲母牛的运动对繁殖性能影响较大。运动对提高繁殖力、减少繁殖疾病、提高成活率具有一定作用。舍外运动能提高母牛的受胎率和胎儿的正常发育率，减少难产的发生率，减小胎衣不下的比例。因此，规模化母牛场规划设计时，要考虑配备适当的运动场。

采用运动场放牧饲养，由于运动场活动空间大，牛群运动充足，采食量增加，血液循环加快，机体生理代谢就旺盛，就可以提高母牛的发情率和胚胎质量，提高受胎率。母牛卵巢对促性腺激素释放激素（GnRH）刺激的敏感性会受到断奶后母牛生理代谢水平的影响，集约化母牛场的母牛若采用拴系饲养，母牛基础代谢较低且不活跃，其卵巢由于对 GnRH 刺激不敏感，从而抑制了垂体前叶分泌促黄体素（LH）和促卵泡素（FSH）的水平，故母牛发情效果差。

母牛缺乏运动会严重影响母牛的繁殖性能。每天都在拥挤的牛栏里生活的母牛，其肌力容易衰退，长此以往，可能会破坏牛体内的物质交换和部分生理机能，严重时可导致牛子宫发育不良，引发不孕症。母牛的运动量与子宫的体积和发育速度成正比。运动量最合理的母牛，其子宫内膜、血管和腺体的生长状况最佳，其成功怀胎的能力最高。而完全不运动的母牛，易出现静脉血滞留过久、子宫肿胀的现象，患不孕症的可能性相对较高。

(2) 运动场的面积 运动场既要保证牛的活动、休息，又要节约用地，一般为牛舍建筑面积的 3～4 倍。平均每头成年母牛占地面积为 20 米^2，育成母牛为 15 米^2 左右，犊牛为 8～10 米^2。

(3) 运动场的建造 运动场地面以三合土为宜。运动场可按 50～100 头的规模用围栏分成小的区域。运动场周围要建造围栏，可以用钢管建造，也可用水泥桩柱建造，要求结实耐用。运动场应选择在背风向阳的地方，一般利用牛舍间距，也可在牛舍两侧位置，如受地形限制，也可设在场内比较开阔的地方。

运动场内地面结构有水泥地面、砌砖地面、土质地面和半土半水泥地面等数种，各有利弊。运动场地面最好全部用三合土夯实，要求平坦、干燥，有一定坡度。

(4) 运动场管理 运动场内的粪污要及时清理，夏季刚下过雨比较泥泞时禁止牛进入运动场，每隔3个月运动场要翻松一次（彩图14），以保持其松软度。

三、做好场内道路设计和绿化

1. 道路设计

道路要通畅，与场外运输连接的主干道宽6米；通往畜舍、干草库（棚）、饲料库、饲料加工调制车间、青贮窖及化粪池等的运输支干道宽3米。运输饲料的道路（净道）与运输粪污的道路（污道）要分开，不能通用或交叉。改造的牛场如果避免不了净道和污道交叉的情况，应切实做好交叉处的经常性清扫消毒工作。

2. 场区绿化

牛场的绿化，不仅可以改善场区小气候，净化空气，美化环境，还可以起到防疫和防火等作用。因此，绿化也应进行统一的规划和布局。可根据当地实际情况，种植能美化环境、净化空气的树种和花草，不宜种植有毒、有刺、有飞絮的植物。牛场的绿化必须根据当地自然条件因地制宜。

(1) 场区林带的规划 在场区周边种植乔木和灌木混合林带。

(2) 场区隔离林带的设置 隔离林带主要用于分隔场内各区，如生产区、生活区及管理区的四周都应设置隔离林带，一般可用杨树、榆树等，并在其两侧种灌木，以起到隔离作用。

(3) 道路绿化 在场内外的道路两旁，一般种1~2行树，形成绿化带。

(4) 运动场遮阳林 在运动场的南、东、西三侧，应设1~2行遮阳林。

3. 放牧通道

规模化牧场要设置放牧专用通道。

四、做好牛舍的设计与建造

1. 牛舍的类型

牛舍类型按屋顶形式可分为单坡式、坡式、平顶式和平拱式；按牛舍墙壁形式可分为敞棚式、开敞式（彩图15）、半开敞式（彩图16~彩图18）、封闭式（彩图19）和塑料暖棚等；按牛床在舍内的排列形式可分为单列式、双列式和多列式。一般单列式内径跨度为4.5~5.0米，双列式内径跨度为9.0~10.0米，多采用头对头式饲养。

（1）单列式牛舍 典型的单列式牛舍有三面围墙和房顶盖瓦，敞开面与休息场（即舍外拴牛处）相通。舍内有走廊、食草与牛床，喂料时牛头朝里。这种形式的房舍可以低矮些，且适于冬春较冷、风较大的地区。房舍造价低廉，但占用土地多。

（2）双列式牛舍 双列式牛舍有头对头与尾对尾两种形式。多数牛场使用只修两面墙的双列式，这两面墙随地区冬季风向而定，一般沿牛舍长向的两面没有围墙，便于清扫和牵牛进出。冬季寒冷时可用简易物品临时挡风。这种牛舍成本低。

（3）单坡式牛舍 单坡式牛舍一般多为单列开放式牛舍，由三面围墙组成，南面敞开，舍内设有料槽和走廊，在北面墙壁上设有小窗，多利用南面的空地为运动场。这种牛舍采光好，空气流通，造价低廉，但室内温度不易控制，常随舍外气温变化而变化，夏热冬凉，只可以减轻风雨袭击，适合于冬季不太冷的地区。

（4）双坡式牛舍 舍内的牛床排列多为双列对头或对尾式以及多列式。这种牛舍可以是四面无墙的敞棚式，也可以是开敞式、半开敞式或封闭式。敞棚式牛舍适于气候温和的地区，在多雨的时候，可将饲草堆在棚内。这种牛舍无墙，依靠立柱设顶。开敞式牛舍有东、北、西三面墙和门窗，可以防止冬季寒风的袭击。在较寒冷地区多采用半敞开式或封闭式牛舍，牛舍北面及东面两侧有墙和门窗，南面有半堵墙的为半开敞式，南面有整墙的为封闭式。这样的牛舍造价高，但寿命长，有利于冬春季节的防寒保暖，但在炎热的夏季必须注意通风和防暑。

（5）塑料暖棚式牛舍 塑料暖棚式牛舍，是近年来北方寒冷地区推出的一种较保温的半开敞式牛舍。这种牛舍就是冬季将半开敞式或开敞式牛舍用塑料薄膜封闭敞开部分，利用太阳能和牛体散发的热量，使舍温升高，同时，塑料薄膜也避免了热量散失。

2. 牛舍建筑的环境要求

母牛的生长和繁殖、犊牛的发育与它们所处的环境条件有很大关系，因此对牛舍的建筑有较高的要求。为给牛创造适宜的环境条件，牛舍应在合理标准设计的基础上，采取保暖、降温、通风、光照等措施，加强对牛舍环境的控制，通过科学的设计有效地减弱舍内环境因素对牛个体造成的不良影响。

南北差别及气候因素对牛舍的温度、湿度、气流、光照及环境条件都有一定的影响，只有满足牛对环境条件的要求，才能获得好的饲养效果。牛舍内应干燥，冬暖夏凉，地面应保温、不透水、不打滑，且污水、粪尿易排出舍外。舍内清洁卫生，空气新鲜。

（1）牛舍温度 牛的适宜环境温度为 5~21℃，故一般以适宜温度为牛舍温度标准。牛舍温度控制在这个范围内，牛的增重速度最快，高于或低于此范围，均会对牛的生产性能产生不良影响。温度过高，则牛的瘤胃微生物发酵能力下降，影响牛对饲料的消化；温度过低，一方面降低饲料消化率，另一方面，因牛要提高代谢率以增加产热量来维持体温，故会显著增加饲料的消耗。孕牛、犊牛、病弱牛受低温影响产生的负面效应更为严重，因此，夏季应做好防暑降温工作，冬季要注意防寒保暖。

（2）牛舍湿度 应及时清除粪尿、污水，保持良好通风，尽量减少水汽。由于牛舍四周墙壁的阻挡，空气流通不畅，牛体排出的水汽及牛舍内的潮湿物体的表面蒸发，有时加上阴雨天气的影响，使得牛舍内空气湿度大于舍外。湿度大的牛舍利于微生物的生长繁殖，使牛易患湿疹、疥癣等皮肤病，气温低时，还会引起感冒、肺炎等病。牛舍内相对湿度控制在 50%~70% 为宜。

（3）牛舍气流 空气流动可使牛舍内的冷空气对流，带走牛体所产生的热量，调节牛体温度。适当的空气流动可以保持牛舍空气清新，维持牛体正常的体温。牛舍气流的控制及调节，除受牛舍朝向与

主风向影响进行自然调节以外,还可人为进行控制,如可以设计地脚窗、屋顶天窗、通风管等加强空气流动。

(4) 牛舍光照 牛舍一般为自然光照,夏季应避免直射光,以防舍温过高,冬季为保持牛床干燥,应使直射光射到牛床。一般情况下,牛舍的采光系数为1:16,犊牛牛舍的采光系数为1:(10~14)。

(5) 牛舍有害气体 要对舍内气体进行有效控制,主要途径就是通过通风换气排放水汽和有害气体,引进新鲜空气,使牛舍内的空气质量得到改善。牛舍有害气体含量允许范围为:氨≤19.5毫克/米^3、二氧化碳≤2920毫克/米^3、硫化氢≤15毫克/米^3。

3. 牛舍的建筑结构

牛舍建筑要根据当地的气温变化和牛场生产要求、牛的用途等因素来综合考虑,一般牛舍可因陋就简,就地取材,但要符合牛场卫生检疫要求,做到科学合理。有条件的养殖户可建质量好的、经久耐用的牛舍。在大规模饲养时,建牛舍要考虑饲养时节省人力;小规模分散饲养时,牛舍要便于详细观察每头牛的状态,以充分利用牛的生理特点,提高经济效益。牛舍结构要坚实。

由于冬春季节风向多偏西北,牛舍以坐北朝南或朝东南为好。牛舍要有一定数量和大小的窗户,以保证太阳光线充足和空气流通。房顶有一定厚度,隔热保温性能好。舍内各种设施的安置应科学合理,以利于牛的生长。

(1) 地基 地基应有足够强度和稳定性,坚固,防止地基下沉、塌陷和建筑物发生裂缝倾斜。

(2) 墙壁 要求坚固结实、抗震、防水、防火,具有良好的保温和隔热性能,便于清洗和消毒,多采用砖墙并用石灰粉刷。

(3) 屋顶 要求质轻、坚固耐用、防水、防火、隔热保温,能抵抗雨雪、强风等外力因素的影响。

(4) 地面 牛舍地面要求致密坚实,不打滑,有弹性,可采用砖地面或水泥地面,便于清洗消毒,具有良好的清粪排污系统。

(5) 牛床 牛床地面应结实、防滑、易于冲刷,并向粪沟做1.5%~2%坡度倾斜。牛床以牛舒适为主,可采用垫料、锯末、碎秸秆，也可使用橡胶垫层或木质垫板。

不同类型牛的牛床尺寸见表2-1。为了提高牛舍利用率，规模不是很大的牛场可不区分犊牛舍、育成牛舍、母牛舍、育肥牛舍，而是采用通舍，此时牛床应按照各种牛中需要牛床长度最大的牛来设计，宽度不需要考虑，可根据牛舍长度调整饲养头数以扩大或缩小牛床宽度。

表2-1 不同类型牛的牛床尺寸

牛 的 类 型	长度/厘米	宽度/厘米
犊牛	100~150	60~80
育成牛	120~160	70~90
怀孕母牛	180~200	120~150
空怀母牛	170~190	100~120
种公牛	200~250	150~200
育肥牛	160~180	100~120

（6）**粪沟** 宽25~30厘米，深10~15厘米，并向贮粪池一端倾斜，倾斜度为1：(50~100)。

（7）**通道** 单列式位于饲槽与墙壁之间，宽度1.30~1.50米；双列式位于两槽之间，宽度1.50~1.80米。若使用TMR（Total Mixed Rations，全混和日粮）车饲喂，通道宽5米左右。

（8）**门** 牛舍门高不低于2米，宽2.2~2.4米。坐北朝南的牛舍，东西门对着中央通道，百头以上牛舍通往运动场的门不少于2个。

（9）**窗** 能满足良好的通风换气和采光要求。采光系数：成年母牛为1：12，育成牛为1：(12~14)，犊牛为1：14。一般窗户宽1.5~3米，高1.2~2.4米，窗台距地面1.2米。

（10）**牛栏** 牛栏分为自由卧栏和拴系式牛栏两种。自由卧栏的隔栏结构主要有悬臂式和带支腿式，一般使用金属材质悬臂式隔栏。拴系饲养根据拴系方式不同分为链条拴系和颈枷拴系（彩图20），常用颈枷拴系，颈枷有金属和木制两种。

4. 饲养密度

牛舍内牛的饲养密度要小于 0.29 头/米^2。

五、合理安装消毒设施

1. 消毒池、消毒间

消毒池一般设在生产区和场大门的进出口处。当人员、车辆进入场区和生产区时，鞋底和轮胎即被消毒，从而防止将外界病原体带入场内。消毒池一般用混凝土建造，其表层必须平整、坚固，能承载通行车辆的重量，还应耐酸碱、不漏水。消毒池的宽度依车轮间距确定，长度依车轮的周长确定，消毒池深 15 厘米左右即可。

消毒间一般设在生产区进出口处，内设消毒通道、紫外线灯，供职工上下班时消毒，以防工作人员把病原体带入生产区或将疫区病原体带出。

2. 消毒设备

场区配备内外环境消毒设备，如高压水枪（高压清洗机）、喷雾器、火焰消毒器、臭氧消毒设备等，具体根据本场的实际情况配备。

六、合理安装养殖设备与设施

1. 食槽

牛舍内的固定食槽设在牛床前面，以固定式水泥槽最为合适，其上宽 0.6～0.8 米，底宽 0.35～0.40 米，呈弧形，槽内缘高 0.35 米（靠牛床一侧），外缘高 0.6～0.8 米（靠走道一侧）。为操作方便，节约劳力，采用高通道、低槽位的道槽合一式结构，即槽外缘和通道在一个水平面上。

在设计全混合日粮饲喂的牛舍时，只需在饲喂通道两侧设置很浅的食槽即可。将日粮直接投在饲喂通道两侧，可大大节省饲养工作量。

2. 饮水设备

有条件的母牛舍可在食槽旁边离地面约 0.5 米处安装自动饮水设备。一般在运动场边设饮水槽，如在运动场内设饮水槽，应设置在运动场一侧，其数量要充足，布局要合理，以免牛争饮、顶撞。

为了让牛经常喝到清洁的水，安装自动饮水器是舍饲母牛给水的最好方法。但在普通育肥牛舍内，一般不设饮水槽，用食槽做饮水槽，即饲喂后在食槽放水让牛自由饮水。

3. 饲喂设施

小牛场可用小推车送料，规模化牛场最好使用 TMR 车（彩图 21）上料。TMR 车日粮混合均匀，饲喂效率高。

4. 饲料的加工、贮藏设备

1）饲料库是进行饲料的加工配制及贮藏的场所，一般采用高地基平房，即室内地平面要高出室外地平面，墙面要用水泥粉饰 1.5 米高，以防饲料受潮而变质。加工室应宽大，以便运输车辆出入，减轻装卸劳动强度。门窗要严密，以防鼠、鸟等。

2）养殖场应有精饲料搅拌机，规模大的养殖场最好配制全混合饲料搅拌机，采用全混合日粮饲喂技术。

5. 青贮设施

根据牛只多少可采用青贮窖、青贮壕（彩图 22）、青贮池等青贮设施。其容积根据牛的头数、年饲喂青贮饲料的天数、日饲喂量、青贮饲料的单位体积重量来定，一般情况下，玉米秆上梢 460 千克/米^3、老玉米秆 480 千克/米^3、全株玉米 600 千克/米^3。青贮窖的宽度要与牛的存栏数相适应，若青贮窖横截面积大，每天取青贮饲料少，就易造成青贮饲料二次发酵，影响青贮饲料的品质。尤其是夏季，由于气温的关系，青贮饲料极易发生二次发酵致使青贮饲料腐败变质，造成营养成分的减少。在高温季节越优质的青贮饲料越易引起二次发酵。用这样的青贮饲料饲喂牛，会使牛下痢，牛尿中排出的氮增加，体内氮蓄积减少，净能效益降低。长期饲喂母牛可发生不孕、流产。所以夏季每天取青贮饲料高度应不少于 20 厘米，取料时不得破坏坑的完整性，尽量沿横截面取，不能掏坑取。规模大的牛场最好配备专用的机器设备切割青贮饲料装车。在建造青贮窖时还要考虑出窖时运输方便，减小劳动强度。

6. 干草棚

干草棚（彩图 23）尽可能设在下风向地段，与周围房舍至少保

持50米距离，单独建造，既要防止散草影响牛舍环境美观，又要达到防火安全。草棚内外的线路要有特殊的设计要求，以防止由于电线短路导致火灾发生。草棚的设计高度要充足，保证装卸草车进出畅通。对机动车进入草棚要有一系列的防火措施，以免机动车喷出的火花引发火灾。

七、合理增设辅助设施

1. 资料档案室

资料档案室存放各种技术资料、操作规程、规章制度、牛群购销、疫病防治、饲料采购、人员雇佣等生产管理档案。考虑到各种档案来源的部门不同，也可分别存放在不同的使用部门，但一定要存放在档案专柜。

2. 兽医室和人工授精室

标准化母牛繁育场要有兽医室和人工授精室，人工授精室要靠近母牛舍，为了工作联系方便不应与兽医室距离太远。可将常规兽医室和人工授精室设置在一起，在病畜隔离区另设置简单的传染病兽医室。有多栋牛舍的大规模繁育场，需在每栋牛舍或运动场内安装保定架，进行人工授精、修蹄等简单的兽医处理。

常规兽医室和人工授精室应建在生产区的较中心部位，以便及时了解、发现牛群发病、发情情况。兽医室应设药房、治疗室、值班室，有条件的可增设化验室、手术室和病房。人工授精室内应设置精液稀释和检测精子活力的操作台、显微镜及保定架等设施。

3. 装牛台、地磅

牛舍要配备20吨左右的地磅，用于饲草收购、肉牛购入与销售、架子牛销售、牛的定期称重。

在不干扰牛场营运且车辆转运方便的地方设置装牛台，装牛台距离牛舍不宜过远，台高与车厢齐高，并设有缓坡与平台相连。牛只经过缓坡走上装牛台进入车厢。

4. 专用更衣室

在生活区和生产区设置专用更衣室。专用更衣室与消毒室相邻，配备紫外线灯，备有罩衣、长筒胶靴和存衣柜等。外来人员更衣换靴后方可进入。

八、合理安装运动场内的设施

1. 运动场围栏

运动场围栏用钢筋混凝土立柱式铁管，立柱间距为3米，高度应高于地面1.3~1.4米，横梁3~4根。电围栏或电牧栏较方便，尤其是牧区应用较多。它由电压脉冲发生器和铁丝围栏组成。高压脉冲发生器放出数千伏至1万伏的高电压脉冲通向围栏铁丝。当围栏内的家畜触及围栏铁丝时就受到高电压脉冲刺激而退却，不再越出围栏范围。由于放电电流小、时间短（百分之一秒以内），人畜不会受到伤害。

2. 运动场饮水槽

应在运动场边设饮水槽，按每头牛20厘米计算水槽的长度，槽深60厘米，水深不超过40厘米，保持饮水充足、清洁。

3. 运动场遮阳棚

为了夏季防暑，遮阳棚长轴应东西向，并采用隔热性能好的棚顶。遮阳棚面积一般为成年牛3~4米^2/头。根据情况可建永久性遮阳棚、临时拉遮阳网或用树枝等搭建简易遮阳棚（彩图24）。

运动场四周可植树遮阳，在运动场的南、东、西三侧，应设1~2行遮阳林。一般运动场边遮阳林选用的树种应该是树冠大、长势强、枝叶开阔、夏天茂密、冬季落叶后枝条稀少的品种，如杨树、法国梧桐等。也可设计采用藤架遮阳，种植爬墙藤生植物。当外界温度为27~32℃时，林下温度要比外界温度低5℃，当外界温度达到33~35℃时，林下温度要比外界温度低5~8℃。

4. 运动场补饲槽

运动场内的补饲槽应设置在运动场一侧，其数量要充足，布局要合理，以免牛争食、顶撞。补饲槽设在运动场靠近牛舍门口处，以便于把牛吃剩的草料收起来放回补饲槽内。

九、制定合理的牛场管理制度

1. 饲料供应管理制度

饲料管理的好坏不仅影响到饲养成本，而且会对母牛的健康和生产性能产生影响。

(1) 合理的计划　按照全年的需要量，对所需的各种饲料提出计划储备量。在制订下一年的饲料计划时，需知道牛群的发展情况，主要是牛群中的成年母牛数、青年牛数、育肥牛数。根据牛群的发展情况，测算出每头牛的日粮需要及组成（营养需要量），再累计到月、年需要量。编制计划时，在理论计算值的基础上提高15%～20%即为预计储备量。饲草储备量应满足3～6个月生产用量的要求，精饲料的储备量应满足1～2个月生产用量的要求。

(2) 饲料的采购　了解市场的供求信息，熟悉产地，摸清当前的市场产销情况，联系采购点，把握好价格、质量、数量、验收标准和运输情况，对一些季节性强的饲料、饲草，要做好采购后的贮藏工作，以保证不受损失。

(3) 加工和贮藏　玉米（秸秆）青贮的制备要按规定要求，保证质量。干草本身要求干燥无泥，青贮窖要防止漏水，不然易发生霉变，还要注意防火灾。精饲料加工需符合生产工艺规定，混合均匀，加工为成品后应在10天内喂完，每次加工1～2天的量，特别是潮湿季节，要注意防止霉变。青绿多汁饲料，要逐日按次序将其堆好，堆码时不能过厚过宽，尤其是青菜类，在高温下堆积过久，牛大量采食后易发生亚硝酸盐中毒。

【提示】

青贮饲料制作时要一次制作够全年使用的量，因为其只能在秋季制作，制作后要密封保存，开封后极易霉变，不利于运输，购买也非常不便。

【注意】

青菜类饲料收割后要及时饲喂，不要堆积保存，其中的硝酸盐容易被细菌还原成亚硝酸盐，牛采食后易发生亚硝酸盐中毒。

(4) 饲料的合理利用　不同生理时期、不同年龄、不同生产要求的牛群对营养的需求不同，要根据其特点配制不同日粮，既满足牛的营养需要，也不浪费饲料。

(5) 定期考核饲料利用率 要定期考核对牛群供应的饲料是否合理，要经常对牛群进行分析，如育成牛的生长发育情况、育成牛的增重效果、成年牛的体膘和繁殖情况等。

2. 疫病防治制度

(1) 消毒防疫制度 应制定消毒防疫相应制度并上墙，包括消毒防疫制度、兽医室工作制度、废弃物分类收集处理制度等。

(2) 免疫接种计划 根据本地区传染病发生的种类、季节、流行规律，结合牛群的生产、饲养、管理和流动情况，按需要制定相应的免疫程序，做到实时预防接种。目前，可用于牛免疫的疫苗有口蹄疫灭活疫苗、牛布氏杆菌苗、无毒炭疽芽孢苗（炭疽芽孢Ⅱ号苗）、气肿疽明矾菌苗、破伤风类毒素、牛出血性败血症氢氧化铝菌苗、狂犬病疫苗、伪狂犬病疫苗、牛流行热疫苗、牛病毒性腹泻疫苗、牛传染性鼻气管炎疫苗等。

牛场应按照国家有关规定和当地畜牧兽医主管部门的具体要求，对结核病、布鲁氏菌病等传染性疾病进行定期检疫。

(3) 牛常见病预防治疗规程 牛常见病预防治疗规程有牛运输应激综合征的防控技术规程、布鲁氏杆菌病的检测与净化操作规程、产后保健技术规程等。

(4) 兽药使用记录 要有完整的兽药使用记录，包括适用对象、使用时间和用量等。

3. 生产记录

(1) 科学的饲养管理操作规程 科学的饲养管理操作规程应包含以下内容：繁殖期母牛的饲养管理、犊牛的饲养管理、育成母牛的饲养管理、人工授精技术操作规程、胚胎移植技术操作规程等。

(2) 完整的生产记录 完整的生产记录包括产犊记录、牛群周转记录、繁殖记录、日饲料消耗记录及温湿度等环境条件记录。

1）购牛时要有动物检疫合格证明，如果是从国外进口的牛，要有进口的各项手续。

2）牛群周转记录包括品种、来源、进出场的数量、月龄、体重。

3）繁殖记录包括母牛品种、与配公牛品种、预产日期、产犊日期、犊牛初生重。

4）饲料消耗记录包括完整的精、粗饲料消耗记录。

4. 档案管理

(1) 牛场档案管理　完整的牛场档案记录包括以下内容。

1）牛的品种、数量、繁殖记录、标识情况、来源和进出场日期。

2）饲料、饲料添加剂、兽药等添加品的来源、名称、使用对象、时间和用量。

3）检疫、免疫、消毒情况。

4）畜禽发病、死亡和无害化处理情况。

5）国务院畜牧兽医行政主管部门规定的其他内容。

(2) 母牛个体档案管理　母牛个体档案的主要内容包括：户（场）名、编号、品种（杂交牛标明主要父本和主要母本）、体重、体尺（包括体高、体斜长、胸围、管围）、出生年月、胎次、配种时间、预产日期、与配公牛品种及编号、产犊时间、性别、出生重、犊牛编号、规定疫病免疫时间、产科病病史。

(3) 个体标识　个体标识是对牛群管理的首要步骤。个体标识有耳标、液氮烙号、条形码、电子识别标志等，目前常用的主要是耳标。建议耳标牌采用18位标识系统，即：2位品种+3位国家代码+1位性别+12位顺序号。

顺序号由4部分组成，前2位是省（区、市）代码，第3~6位是牛场代码，第7~8位是出生年份，第9~12位是年内顺序。

1）省（区、市）编号的确定。按照国家行政区划编码确定各省（市、区）编号，由2位数字组成，第1位是国家行政区划的大区号，例如，北京市属"华北"，编码是"1"；第2位是大区内的省市号，"北京市"是"1"，因此，北京编号是"11"。全国各省（区、市）编码见表2-2。

表2-2　中国牛只各省（区、市）编码表

省（区、市）	编码	省（区、市）	编码	省（区、市）	编码
北京	11	安徽	34	贵州	52
天津	12	福建	35	云南	53
河北	13	江西	36	西藏	54
山西	14	山东	37	重庆	55
内蒙古	15	河南	41	陕西	61
辽宁	21	湖北	42	甘肃	62
吉林	22	湖南	43	青海	63
黑龙江	23	广东	44	宁夏	64
上海	31	广西	45	新疆	65
江苏	32	海南	46	台湾	71
浙江	33	四川	51		

2）品种代码的确定。品种代码采用与牛只品种名称（英文名称或汉语拼音）有关的两位大写英文字母组成，见表2-3。

表2-3　中国牛只品种代码表

品　　种	代码	品　　种	代码	品　　种	代码
荷斯坦牛	HS	利木赞牛	LM	丹麦红牛	DM
娟珊牛	JS	夏洛来牛	XL	金黄阿奎丹牛	JH
兼用西门塔尔	DM	海福特牛	HF	摩拉水牛	ML
肉用西门塔尔	SM	安格斯牛	AG	尼里/拉菲水牛	NL
兼用短角牛	JD	比利时兰牛	BL	南阳牛	NY
肉用短角牛	RD	德国黄牛	DH	秦川牛	QC
草原红牛	CH	皮埃蒙特牛	PA	鲁西黄牛	LX
新疆褐牛	XH	莫累灰牛	MH	晋南牛	JN
三河牛	SH	抗旱王牛	KH	延边牛	YB
南德温牛	ND	辛地红牛	XD	复州牛	FZ
蒙贝利亚牛	MB	婆罗门牛	PM		

3）编号的使用及说明。

① 牛场代码为4位数。不足四位数以0补位。

② 出生年份使用牛只出生年度的后2位数，例如2014年出生即写成"14"。

③ 牛只年内出生顺序号为4位数，不足4位的在顺序号前以0补齐。

④ 公牛为奇数号，母牛为偶数号。

⑤ 在本场、种公牛站进行登记管理时，可以仅使用6位牛只编号（牛只出生年度＋牛只年内出生顺序号）。牛号必须写在牛只个体标示牌上，耳牌佩戴在左耳。

⑥ 在牛只档案或谱系上可以使用12位顺序号作为标示码，如需与其他国家、其他品种牛只进行比较，要使用18位标示系统，即在牛只编号前加上2位品种编码、3位国家代码和1位性别编码。

⑦ 对现有的在群牛只进行登记或编写系谱档案等资料时，如现有牛只编号与以上规则不符，必须使用此规则进行重新编号，并保留新旧编号对照表。

5. 专业技术人员配备

一般养殖场要有1名以上取得家畜繁殖员证的繁殖员和1名以上执业兽医持证上岗。大规模的母牛繁育场兽医和繁殖员不得对外服务。标准化的母牛繁育场配备本场的专业技术人员很关键，对于大规模牛场来说，配备本场的畜牧管理人员，尤其是精通营养调配的技术人员，可以产生很大的经济效益。

十、达到牛场的环保要求

1. 做好粪污处理

牛场要有固定的牛粪储存、堆放场所，并有防雨、防渗漏、防溢流措施。牛粪的堆放和处理位置必须远离各类功能地表水体（距离不得小于400米），设在养殖场生产及生活管理区常年主导风的下风向或侧风向处。

（1）贮粪场 贮粪场一般设在牛场的一角，并自成院落，对外开门，以免外来拉牛粪的车辆出入生产区。贮粪场做成水泥地面，并带棚。

（2）粪便处理设备 根据本场实际情况，选择沼气池、化粪池、堆积发酵池、有机肥生产线等粪便处理设施，做到农牧结合。

（3）粪便及废弃物处理方法 粪污处理和利用模式有沼气生态模式、种养平衡模式、土地利用模式、达标排放模式等。

1）养殖场（小区）应实行粪尿干湿分离、雨污分流、污水分质输送，以减少排污量。对雨水可采用专用沟渠、防渗漏材料等进行有组织排水。对污水应用暗道收集，改明沟排污为暗道排污。

2）应尽量采用干清粪工艺，节约水资源，减少污染物排放量。

3）粪便要日产日清，并将收集的粪便及时运送到储存或处理场所。粪便收集过程中必须采取防扬散、防流失、防渗透等工艺。

4）粪便经过无害化处理后可作为农家肥施用，也可作为商品有机肥或复混肥加工的原料。未经无害化处理的粪便不得直接施用。

5）固体粪便无害化处理可采用静态通风发酵堆肥技术。粪便堆积保持发酵温度50℃以上，时间应不少于7天；或保持发酵温度45℃以上，时间不少于14天。

2. 病死牛处理

配备焚尸炉或化尸池等病死牛无害化处理设施。病死牛及医疗垃圾处理的原则有：消除污染，避免伤害；统一分类收集、转运；集中处置；严禁混入生活垃圾排放；在焚烧处理过程中严防二次污染，必须达标排放；病死动物尸体"四不处置"，即对病死动物尸体一不宰杀、二不销售、三不食用、四不运输，并将病死动物尸体进行无害化处理。

第三章
掌握母牛繁殖技术，向技术要效益

第一节　母牛繁殖方面的误区

一、母牛人工授精不规范

在给母牛进行人工授精时，消毒不严格，会把病原微生物带入生殖道，引起子宫炎症。发情鉴定不准确，只依靠外部症状来鉴定，假发情的母牛和隐性发情的母牛，都不好判断，最好结合直肠检查法，通过触摸卵巢上卵泡的状态来判定。输精时输精时机把握不准备，只看母牛的外部发情表现，要么过早，要么过晚。正确掌握母牛的排卵时间是人工授精成功的关键，应当通过直肠检查，检查卵巢上的卵泡发育状况，一般情况下卵泡发育到 1.5~2.0 厘米，卵泡壁很薄，有一触即破的感觉，这时候输精最合适。

二、妊娠诊断不准确，不重视早期妊娠诊断

很多人看母牛的外部表现来做妊娠诊断，牛配种后过一段时间，不再发情，食欲增加，膘情变好，腹围增大，就认为母牛怀孕了，这种方法不太准确，而且要到怀孕几个月后才容易看出来。实际生产中，为了缩短母牛的空怀期，最好在母牛配种后 20~30 天时进行早期妊娠诊断，可以采用直肠检查法，有条件的还可以结合 B 超诊断法（彩图 25）、孕酮水平测定法等，及早判断母牛是否妊娠。如已妊娠，做好饲养管理，保胎防流产；如未妊娠，及时组织补配，减少空怀时间，提高母牛繁殖效率。

三、母牛预产期推算不准，接产不及时

由于不同类型、不同品种的母牛妊娠期不太相同，很多养殖户会

算不准母牛预产期,只是根据母牛临产征兆,如外阴部肿胀、流黏液等来判断预产期,这种方法不太准确,因为这也可能是流产的征兆。实践中,对于黄牛,通常可采用"月减3,日加6"的方法来判断,再结合临产征兆,相对比较准确。

四、助产方法不当

母牛产犊时,有些养牛户会急着把犊牛拉出来,其实正常情况下不需要这样做。如果产前检查胎向、胎位、胎势无异常,最好让母牛自然分娩,有问题时再进行助产,过早助产对母牛干扰比较大,容易诱发胎衣不下、产后子宫内膜炎等。

五、初生犊牛护理不当

犊牛出生后,有些养殖户不注意脐带的处理,这会增加犊牛患病的风险。正确的方法是把脐带结扎后严格消毒,以防感染。天冷时犊牛体表黏液让母牛舔干,时间过长,犊牛可能会受寒感冒,最好用毛巾、干草之类帮其擦干。

六、产后母牛护理不当

很多养殖户在母牛产犊后只照顾小牛,而忽视母牛的护理,可能会造成母牛产后恢复不好,影响产乳及下一次的发情配种。合理方法是产后尽快把母牛后躯清理一下,换上干净的垫草,然后让母牛喝温热的盐水麸皮汤,以补充水分、体力,然后注意观察胎衣的排出情况,如果超过12小时还未排出,按胎衣不下进行处理。

第二节 掌握牛的繁殖性能与繁殖力统计方法

一、母牛繁殖性能描述

1. 母牛初情期

母牛初情期指母牛第1次出现发情表现并排卵的时期,一般为8~12月龄。肉用牛品种初情期的年龄往往比乳用品种迟,而母水牛的初情期更迟,一般为13~18月龄,母牦牛的初情期平均为24月龄。

2. 发情季节

发情季节指母牛在一年中集中表现发情的季节,如南阳牛的母牛一年四季皆可发情,以春季最多。

3. 发情周期

发情周期指母牛从上一次发情开始至下一次发情开始所间隔的时间。黄牛发情周期范围为 18~24 天,平均 21 天,水牛为 16~25 天,牦牛为 18~24 天。青年母牛偏短,为 20 天,经产母牛为 21 天。

4. 发情持续期

发情持续期指母牛从发情开始到发情结束所持续的时间。黄牛发情持续期是 6~36 小时,平均 18 小时,水牛为 22 小时,牦牛为 24~36 小时。青年母牛发情持续期略短,约 15 小时,经产母牛稍长。其发情持续期的长短还受气候、营养、品种及使役等因素影响。

5. 难产度

难产度指产犊的难易程度,一般分为 4 个等级,分别用 1、2、3、4 表示,即:

1 为顺产:母牛在没有任何外部干涉的情况下自然生产。

2 为助产:人工辅助生产。

3 为引产:用机械等牵拉的情况下生产。

4 为剖腹产:采用手术剖腹助产。

二、公牛繁殖性能描述

1. 公牛初情期

公牛初情期指公牛初次产生并释放精子,且具有交配能力的时期。公牛初情期为 10~18 月龄。

2. 公牛性成熟期

公牛性成熟期指公牛在初情期之后继续发展达到具有正常繁殖能力的性完全成熟期。公牛性成熟期为 16~18 月龄。

3. 公牛适时配种期

公牛适时配种期指公牛根据自身发育的情况和饲养繁育、使用目的而人为确定的用于配种的年龄。公牛适时配种期为 36 月龄左右。

4. 射精量

射精量指健康公牛一次射出精液的量。公牛射精量一般为 2~5 毫升。

5. 精子密度

精子密度指每毫升精液中所含有的精子数目，常用血细胞计数器计算。公牛的精子密度为 8 亿~10 亿/毫升。

6. 精子活力

精子活力指将精液样制成压片，在显微镜下一个视野内观察，其中直线前进运动的精子在整个视野中所占的比率，通常按 0.1~1.0 的十级评分法评定，100% 直线前进运动者为 1.0 分，90% 为 0.9 分。

7. 自然配种比例

自然配种比例指一个配种季节每头公牛自然状态本交配种方式下可承担的配种母牛数。公牛自然配种比例是 1∶150 左右。

8. 人工授精比例

人工授精比例指健康公牛一次射精量经过稀释后能够用于授精的母牛数量。公牛人工授精比例是 1∶(100~150)。

9. 配种方式百分比例

配种方式百分比例指牛主产区内的主要繁殖交配方式所占的百分比。例如，南阳牛主产区配种方式百分比是：自然交配比例为 21.7%，人工授精比例为 78.3%。

10. 一般利用年限

一般利用年限指公牛在繁殖过程中能够被利用的年限。例如，南阳牛的公牛一般利用年限是 6 年。

三、母牛繁殖力的统计方法

1. 受配率

受配率指年度内受配母牛数占适繁母牛数的百分比。

受配率 =（受配母牛头数/适繁母牛数）×100%

2. 受胎率

受胎率指年度内配种后妊娠母牛数占参加配种母牛数的百分比。受胎率又可分为情期受胎率、第一情期受胎率和年总受胎率。

(1) 情期受胎率 以情期为单位的受胎率,指妊娠母牛头数占总配种情期数的百分比,即平均每个发情期能够受孕的母牛头数。年内出群的牛只,如最后一次配种距出群不足 2 个月,则该情期不参加统计,但此情期以前的受配情期必须参加统计。

情期受胎率 =(年受胎母牛头数/年总配种情期数)×100%

(2) 第一情期受胎率或一次情期受胎率 指第一个情期配种后受胎母牛头数占第一情期配种的总母牛头数的百分比。育成牛的第一情期受胎率一般要求达到 65% ~ 70%。

第一情期受胎率 =(第一情期配种受胎母牛头数/
第一情期配种总母牛头数)×100%

(3) 年总受胎率 是指经过 1 次或多次配种后,妊娠母牛头数占全年参加配种母牛头数的百分比。年内受胎 2 次以上的母牛(包括正产受胎 2 次和流产后受胎的),受胎头数和受配头数应一并统计,即各计为 2 次;受配后 2~3 月的妊检结果确认受胎要参加统计;配种后 2 个月内出群的母牛,不能确定是否妊娠的不参加统计;配种 2 个月后出群的母牛一律参加统计。

年总受胎率 =(年受胎母牛头数/年受配母牛头数)×100%

3. 配种指数

指受孕母牛平均配种次数,即参加配种母牛每次妊娠的平均配种情期数。

配种指数 =(总配种次数/妊娠母牛头数)

4. 产犊率

产犊率指产犊数(包括死产和早产)占受孕母牛数的百分比。

产犊率 =(年内产犊数/年内受孕母牛头数)×100%

5. 繁殖率

繁殖率指年度内出生的犊牛数占上年度末能繁殖母牛数的百分比。

繁殖率 =(本年度内出生犊牛数/上年度末能繁殖母牛数)×100%

6. 犊牛成活率

犊牛成活率指本年度年内断奶成活的犊牛数占本年度内出生犊牛

数的百分比。

犊牛成活率=（本年度断奶成活犊牛数/本年度内出生犊牛数）×100%

7. 繁殖成活率

繁殖成活率指本年度内断奶犊牛的成活数占该年牛群中适繁母牛总数的百分比。

繁殖成活率=（本年度内断奶成活的犊牛数/本年度适繁母牛总数）×100%

8. 年平均胎间距（产犊间隔）

年平均胎间距指母牛相邻两次分娩之间的间隔天数，亦称胎间距。

年平均胎间距=胎间距之和/统计头数

第三节　掌握母牛的发情特点与配种技术

一、母牛发情的特点

1. 发情表现

发情是适配母牛的一种生理现象。完整的发情应具备以下4个方面的生理变化。

（1）卵巢变化　功能性黄体已退化，卵泡正在生长发育成熟，并进一步排卵。

（2）精神状态变化　兴奋，食欲减退，活动性增强。

（3）外阴部和生殖道变化　阴唇充血肿胀，黏液外流，阴道黏膜潮红湿润，子宫颈口开张。

（4）出现性欲　主动接近公牛，爬跨其他牛，站立接受公牛或其他母牛的爬跨。

2. 发情季节

母牛在均衡饲养的条件下，总是间隔1个周期出现1次发情。如果已受胎，发情周期即中止，待产犊后间隔一定时间，重新恢复发情周期。以放牧饲养为主的母牛，由于营养状况存在较大的季节性差异，特别是在北方，大多数母牛只在牧草繁盛时期（6~9月），膘情

恢复后集中出现发情。以均衡舍饲饲养条件为主的母牛，发情受季节的影响较小。

3. 初情期和性成熟期

（1）初情期 母牛第1次出现发情表现并排卵的时期称为初情期。肉用牛品种初情期的年龄往往比乳用品种迟，如南阳牛母牛初情期是8~12月龄。而母水牛的初情期更迟，一般为13~18月龄。母牦牛的初情期平均为24月龄。

（2）性成熟期 母牛到了一定年龄，生殖器官已基本发育完全，具备了繁殖能力，称为性成熟。达到性成熟的年龄，因品种、个体、气候、营养情况及饲养管理条件而有所不同，一般为12~14月龄。

二、母牛发情周期的生理参数

1. 发情周期

发情周期是指相邻两次发情的间隔天数。习惯上把出现发情当日算为0天，0天也就是上一个发情周期的最后1天。

成年母牛的发情周期平均为21天，范围是17~25天；育成牛的发情周期平均为20天，范围是18~22天；母水牛的发情周期为16~25天，母牦牛的发情周期为18~25天。

在一个发情周期内一般分为发情前期、发情期、发情后期和休情期。

（1）发情前期 在这个阶段黄体萎缩消失，卵巢略有增大，新卵泡开始发育，血中雌激素开始增加，生殖器官充血，黏膜增生，子宫颈口松弛，尚未排出黏液，无性欲表现，发情前期持续1~3天。

（2）发情期 在这期间母牛有发情症状，有性欲表现，阴户、子宫颈、子宫体充血，子宫颈口松开，卵泡发育加快，凸出卵巢表面，阴道流出透明黏液。这实际上就是发情持续期。

（3）发情后期 在这个阶段母牛再没有发情表现，也变得安静，子宫颈收缩，阴道黏液变稠，分泌减少。卵泡在破裂后形成黄体。母牛排卵时间多在发情开始后16~36小时，或者发情结束后5~15小时。母水牛多在发情结束后10~18小时排卵。

（4）休情期 在这期间母牛无性欲，神态正常，这个时期可持续 12~15 天。

【注意】

有些母牛营养不良，常出现安静发情或假发情，或生殖器官机能衰退，卵泡发育缓慢，排卵时间延迟或提前。对这些母牛则需要通过直肠检查来判断其排卵时间。

2. 发情持续期

母牛由开始发情、表现发情症状到发情终止的这段时间为发情持续期。成年母牛的发情持续期平均为 18 小时，其变动范围为 6~36 小时；育成牛为 15~16 小时，其范围变动为 10~21 小时；母水牛、母牦牛为 24~48 小时，有的变动范围大。

3. 排卵时间

肉牛的排卵时间因品种而异，一般发生在发情结束后 10~12 小时，黄牛集中在 11~18 小时，水牛集中在 10~12 小时，牦牛集中在 12~14 小时。卵子保持受精能力的时间是 12~18 小时。78% 的母牛在夜间排卵，半数以上发生在 4：00~8：00，20% 在 14：00~21：00。正确掌握母牛的排卵时间是提高母牛受胎率的重要手段。

三、配种的时间

1. 母牛初配的年龄

母年初配的年龄指母牛第 1 次接受配种的年龄。母牛达到性成熟时，虽然生殖器官已经完全具备了正常的繁殖能力，但身体的生长尚未完成，骨骼、肌肉、内脏各器官仍处于快速生长阶段，还不能满足孕育胎儿的需求，如过早配种不仅会影响自身的正常发育，还会影响幼犊的健康和自身以后的生产性能。母牛初配必须达到体成熟，即母牛基本上完成自身生长，具有了固有的外形特征。

母牛的体成熟年龄是饲养管理水平、气候、营养等综合因素作用的结果，但更重要的是根据其自身的生长发育情况而定。一般情况下，体成熟年龄比性成熟晚 4~7 个月，其体重要达到成年母体重的 70% 左右，体重未达到要求时可以适当推迟初配年龄，相反可以适当提前初配。我国黄牛的初配年龄为 14~16 月龄，水牛为 3~4 岁，牦

牛为 2~3.5 岁。

2. 母牛的产后配种

母牛产后一般有 30~60 天的休情期,产后第 1 次发情的时间受牛的品种、子宫复原情况、产犊前后饲养水平的影响。产后配种时间取决于子宫形态、机能恢复情况和饲养水平。过早配种受孕率较低,且会带来疾病隐患;配种过晚,会延长产犊间隔,降低经济效率。根据牛"一年一犊"的生殖生理特点和产后母牛的生理状态,产后 60~90 天(休情后的第 1~3 个情期)配种较为合理,且受孕率较高。

3. 公牛的初配年龄

与母牛相似,公牛的初配年龄与性成熟年龄也有一定间隔,但公牛在雄性激素的作用下,身体生长更加迅速,在饲养水平较好的情况下,12~14 个月龄即可采精。

4. 配种的时机

牛的排卵一般发生在发情结束后 10~12 小时,卵子保持受精能力的时间为 12~18 小时,精子保持受精能力的时间是 28~50 小时,且精子在母牛生殖道内还需 4~6 小时获能后才能到达与卵子受精形成合子的输卵管壶腹部。适宜的输精时间是在排卵前的 6~12 小时进行。在实际生产中,输精在发情母牛安静接受他牛爬跨后 12~18 小时进行,清晨或上午发现发情,下午或晚上输精 1 次;下午或晚上发情的,第 2 天清晨或上午输精 1 次。直肠检查发现卵泡在 1.5 厘米以上,泡壁薄且波动明显时适宜输精。只要正确掌握母牛的发情和排卵时间,输精 1 次即可,效果并不比 2 次输精差,但有时受个体、年龄、季节、气候的影响,发情持续时间较长或直肠检查确诊排卵延迟时,需进行第 2 次输精,第 2 次输精应在第 1 次输精后 8~10 小时进行。

【经验】

取生殖道黏液少许夹于拇指和食指之间,张开两指,距离 10 厘米,有丝出现,反复张闭 5~7 次,不断者为配种适宜期;张闭 8 次以上仍不断者,配种尚早;张闭 3~5 次丝断者,适配时间已过。

四、人工授精技术

1. 冷冻精液的储存

冷冻精液是将采取的种公牛精液稀释，添加抗冻保护剂，通过一定的冷冻程序冷冻，然后贮存于液氮中。冷冻精液代谢活动被抑制，处于静止状态，解冻升温后，精子能复苏且不会失去受精能力。目前，广泛采用的冷冻精液为细管冷冻精液，0.25毫升/支，解冻后有效精子数大于1000万个（DB65/T 2163——2004），活力达到0.35以上。

1）在液氮罐（彩图26）内储存的冷冻精液必须浸没于液氮中，定期添加液氮，且液氮体积不能少于容器容量的2/3。

2）取放冷冻精液时，提筒只允许提到液氮罐的瓶颈段以下，严禁提出罐外（彩图27）。在罐内脱离液氮的时间不得超过10秒，必要时需再次浸没后再提取。

3）在向另一液氮储存罐内转移冷冻精液时，精液提筒脱离液氮时间不得超过5秒。

4）取放冷冻精液之后，应及时盖上罐塞，尽量减少开启容器盖塞的次数和时间，以减少液氮消耗和防止异物落入罐内。严防不同品种和编号的冷冻精液混杂存放，难以辨识的应予以销毁。

2. 冷冻精液的解冻

1）细管冷冻精液用38~40℃温水直接浸泡解冻，时间为10~15秒。

2）解冻后的细管精液应避免温度骤升和骤降，避免与阳光及有毒有害物品、气体接触。

3）解冻后的精液存放时间不宜过长，最好在1小时内完成输精。解冻后精液需运输时，应置于4~8℃环境下保存，且不得超过8小时。

3. 精液品质检查（彩图28）

1）检查精子活力用的生物显微镜载物台应保持35~38℃。新购入精液后先进行检查，以后有必要的时候再进行检查。

2）在显微镜视野下，根据呈直线前进运动的精子数占全部精子数的百分比来评定精子活力。冷冻精液解冻后活力不得低于0.35，在37℃下存活时间大于4小时。

4. 输精时间

母牛的发情周期为17~25天，发情持续时间为24~30小时。输精人员应根据母牛发情症状和直肠检查结果适时输精。母牛发情后不同时间段其症状和最佳配种时间见表3-1。

表3-1 母牛发情后不同时间段症状和最佳配种时间表

发情时间/小时	发情表现	输精适宜度
0~5	母牛出现兴奋不安、食欲减退	太早
5~10	母牛主动靠近公牛，做弓背弯腰姿势	过早
10~15	母牛爬跨，外阴肿胀，分泌透明黏液，低头哞叫	略早，但可以输精
15~20	阴道黏膜充血、潮红、湿润，黏液较稀、不透明	最佳时间
20~25	拒绝爬跨，黏液变稠	过晚
25~30	阴道逐渐恢复正常，不再肿胀	太晚

5. 输精方法

1）输精前用清水洗净牛外阴部，然后用0.1%新洁尔灭溶液消毒。

2）采用直肠把握子宫颈输精法，插入输精枪时要轻、稳、慢，输精枪尽量通过子宫颈口深部输精，输精完毕后缓慢抽出输精枪，让牛安静站立5~10分钟，防止精液倒流。

3）细管冷冻精液解冻后最好在15分钟内输精完毕。

第四节 掌握母牛的妊娠诊断技术

母牛配种后应尽早进行妊娠诊断，以利于保胎，减少空怀，提高母牛繁殖率和经济效益。母牛的妊娠诊断有以下几种方法。

一、外部观察法

发情母牛配种后3~4周如果不再发情，一般表示已怀胎。这种方法对于发情规律正常的母牛有一定的参考价值,但不完全可靠,因为母牛不仅有安静发情、不明显发情,还有假发情,即使已受胎但个别牛仍有发情表现。因此,常需用其他方法来加以确定。此外,妊娠3个月以后表现出食欲增进、性情温驯、躲避角斗、腹围增大、从外面可观察到胎动、乳房明显发育等现象,但这些现象并不能用于早期是否怀孕的诊断。

二、阴道检查法

根据阴蒂变化可对牛进行早期妊娠诊断。仔细观察阴蒂的大小、形状、位置、质地、色泽、血管、分泌物等,综合分析,可做出诊断(图3-1)。

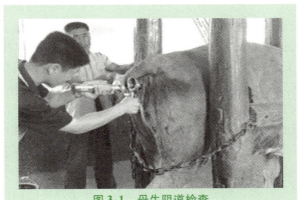

图3-1 母牛阴道检查

乏情母牛的阴蒂深埋于阴蒂凹内,呈扁圆形长柱状,粉白色,表面干燥无光泽,血管不明显,无分泌物,质软而斜下;发情母牛的阴蒂埋于阴蒂凹内,粉红色,扁网形长柱状,质地较软;妊娠20天内的母牛,阴蒂体积稍有增大,长约0.6厘米,宽0.3厘米,厚约0.2厘米,1/2体积突出于阴蒂凹上方,红黄色,稍硬,表面发亮,血管稍有充血,有少量分泌物;妊娠40天的母牛,阴蒂的2/3体积突出于阴蒂凹上方,体积继续增大,如樱桃大小,直立发硬,紫黄色,表面湿润光滑,周围黏膜呈青紫色并有黄色分泌物,血管呈树枝状。

三、直肠检查法

直肠检查法是隔着直肠壁触诊子宫、卵巢及其黄体变化，以及有无胚泡（妊娠早期）或胎儿的存在等情况来判定是否妊娠，是用于母牛妊娠诊断的一种最方便、最可行的办法。该方法在妊娠的各个阶段均可采用，能判断母牛是否怀孕、怀孕的大概月份、一些生殖器官疾病及胎儿的存活情况。有经验人员在妊娠20天以后可做出初诊，40~60天即能确诊。该方法的诊断结果准确，并能大致确定妊娠时间。

1. 直肠检查的操作方法

将被检母牛保定于保定栏内，使其不能跳跃、踢蹴，然后将牛尾拉向一侧，使肛门充分露出，并用温水将肛门及其附近擦洗干净。检查人员事先将指甲剪短磨光，穿好工作服，为了防止感染，检查前要戴上长臂乳胶手套或塑料手套（手臂皮肤有损伤时更应注意防护消毒），再涂上润滑剂。检查人员站在被检母牛的后方，用涂有润滑剂的手抚摸肛门，然后手指并拢成锥状，缓缓地以旋转动作插入肛门，再逐渐伸入盲肠，如果直肠内有宿粪时，分次少量掏完。排出宿粪后，手向直肠深部慢慢伸进，当手臂伸到一定深度时，就可感到活动空间增大（肠壁的松弛度比直肠后段大，手好像伸入一个撑开的手套），这时就可触摸直肠下壁，检查子宫变化。

先寻找子宫颈，然后沿子宫颈向前摸，在子宫体的前面，可摸到一纵行向下的凹沟即角间沟，再向前摸到似圆柱样的东西，即为子宫角。沿子宫角的大弯向外侧下行，在子宫角尖端的外侧上方即可感触到呈扁卵圆形、柔软、有弹性的卵巢。手指弯曲，将卵巢轻轻钩住，用手指肚隔肠壁进行触摸。触摸过程中如失去子宫颈而摸不到子宫角和卵巢时，最好从子宫颈开始再向前逐渐触摸。母牛直肠检查如图3-2所示。

直肠检查时的注意事项：手臂伸入肛门后，要缓慢前伸，不能用力过猛或急速前伸，在向直肠深部深入时，可将手握成拳头，以防止损伤肠壁。检查时，如果母牛努责，遇到肠管蠕动收缩或扩张，应停止检查，待肠壁收缩波越过手背，肠道松弛后再进行触摸，必要时还要随着收缩波后退,待蠕动停止时再向前伸,以防直肠损伤或破裂。如果牛持续收缩久不停止时,可用手指压迫牛背中线,促使肠壁松弛。

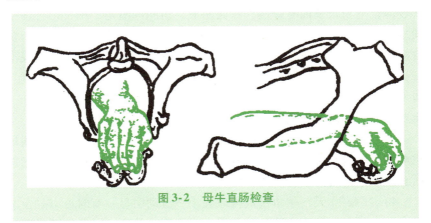

图3-2　母牛直肠检查

【注意】

检查完毕偶尔可见到手上沾有带少量血液的黏液,这是直肠黏膜轻度损伤,问题不大。但是如发现鲜红的血液或凝块,则表明肠壁损伤比较严重,应立即停止触摸,仔细检查损伤情况,并采取相应的治疗措施。

2. 直肠检查的判定方法

直肠检查判定母牛是否怀孕的主要依据是怀孕后生殖器官的一些变化,这些变化因胎龄的不同而有所侧重。在怀孕初期,以子宫角形状、质地及卵巢的变化为主;在胎胞形成后,则以胎胞的发育为主,当胎胞下沉不易触摸时,以卵巢位置及子宫动脉的妊娠脉搏为主。

1)配种后19~22天,触摸子宫角时收缩反应不明显,在上次发情时卵巢上的排卵处有发育成熟的黄体,黄体柔软,孕侧卵巢较对侧卵巢大,疑为妊娠。如果子宫收缩反应明显,无明显的黄体,卵巢上有大于1厘米的卵泡,或卵巢局部有凹陷,质地较软,可能是刚排过卵,这两种情况均表现为未孕。

2）妊娠30天，孕侧面卵巢有发育完善的妊娠黄体，黄体肩端丰满，顶端突起，卵巢体积较对侧卵巢大1倍；两侧子宫角不对称，孕角较空角稍增大，质地变软，有液体波动的感觉，孕角最膨大处子宫壁较薄，空角较硬而有弹性，弯曲明显，角间沟清楚，用手指轻握孕角从一端向另一端轻轻滑动，可感到胎膜囊在指间滑动。或用拇指及食指轻轻提起子宫角，然后稍放松，可以感到子宫壁内有一层薄膜滑开，这就是尚未附植的胚囊。据测定，妊娠28天，羊膜囊直径为2厘米，35天为3厘米，40天以前羊膜囊为球形。这时的直肠检查一定要小心，动作要轻柔，并避免长时间触摸，以免引起流产。

3）妊娠60天，由于胎水增加，孕角增大且向背侧突出，孕角比空角约粗1倍，且较长，两者悬殊明显。孕角内有波动感，用手指按压有弹性。角间沟不甚清楚，但仍能分辨，可以摸到全部子宫。

4）妊娠90天，孕角接近排球大小，波动明显，有时可以触及漂浮在子宫腔内如硬块的胎儿，角间沟已摸不清楚。这时子宫开始深入腹腔，子宫颈移至耻骨前缘，初产牛子宫下沉时间较晚。

5）妊娠120天，子宫全部沉入腹腔，子宫颈越过耻骨前缘，触摸不清子宫的轮廓形状，只能触摸到子宫背侧面及该处明显突出的子叶，形如蚕豆或小黄豆，偶尔能摸到胎儿。子宫动脉的妊娠脉搏明显可感。

6）妊娠150天，全部子宫沉入腹腔底部，由于胎儿迅速发育增大，能够清楚地触及胎儿。子叶逐渐增大，大如胡桃、鸡蛋；子宫动脉变粗，妊娠脉搏十分明显，空角侧子宫动脉尚无或稍有妊娠脉搏。

7）妊娠180天至分娩，胎儿增大，位置移至骨盆前，能触摸到胎儿的各部分，并能感到胎动，两侧子宫动脉均有明显的妊娠脉搏。

3. 直肠检查时的动脉检查

检查子宫动脉也是诊断妊娠的方法之一，特别是随着胎儿的增大，血液供给量越来越多，就可通过动脉血管的粗细与血流搏动的情况加以诊断。手紧贴骨盆腔上部摸到粗大的腹主动脉，再沿两旁摸到髂内动脉分支（子宫中的动脉就是髂内动脉分出来的）到子宫阔韧带的子宫中动脉。这个动脉在阔韧带中可移动10～15厘米。子宫中动脉的直径：初胎牛妊娠60~75天为0.16~0.30厘米；经产母牛在妊娠90天较明显，为0.30~0.48厘米；妊娠120天为0.64厘米；妊娠150天为0.64~0.95厘米；妊娠180天为0.95~1.27厘米；妊娠210天为1.27厘米；妊娠240天为1.27~1.59厘米；妊娠270天为1.59~1.90厘米。随着动脉管的变粗，管壁变薄，母牛妊娠90天时就可触到动脉的跳动。母牛妊娠4~5个月时跳动明显，再往后就会感到动脉血管中好像流水间歇地流过。母牛妊娠5~6个月，当子宫垂到腹腔后，利用子宫中动脉诊断妊娠更加准确。

四、超声波诊断法

配种后25~30天用超声波扫描影像仪即可做出早孕诊断，准确率可达98%以上，配种40天即可通过显现胚胎的活动和心跳确认胚胎的存活性。

五、孕酮水平测定法

怀孕后的母牛，血液中或乳汁中孕酮（P_4）的含量显著增加。所以，可以采用放射免疫法或蛋白结合竞争法测定母牛血液或乳汁中的孕酮含量来进行早期妊娠诊断。一般在母牛配种后20天左右，采集少量血样或乳样进行测定，根据测定结果进行诊断。乳汁和外周血中孕酮含量虽然不同，但两者之间有着密切的关系，乳汁和外周血中孕酮的含量变化规律是一致的。此法判断妊娠的准确率为80%~95%，而判定未妊娠的准确率可达100%。

第五节　做好母牛分娩与助产

一、预产期的推算

黄牛的妊娠期平均为280天，范围为276~285天；水牛的妊娠期平均为313天，范围为284~365天；牦牛的妊娠期平均为255天，范围为226~289天。母牛妊娠期的长短，因品种、年龄、胎次、营养、健康状况、生殖道状态、双胎与单胎和胎儿性别等因素有差异。如黄牛、肉牛较乳用牛的妊娠期长2天左右，年龄小的母牛较年龄大的母牛妊娠期平均短1天，怀公犊母牛较怀母犊母牛妊娠期长1~2天；怀双胎母牛较怀单胎母牛妊娠期减少3~6天；饲养管理条件较差的牛妊娠期较长。

在推算预产期时，妊娠期以280天计算，将配种时的月份数减3，日期数加6，即可得到预计分娩日期。例如，某牛10月1日配种，则预产期为10-3=7（月），1+6=7（日），即该牛的预产期是下一年的7月7日。如配种月份在1、2、3月不够减时，需借1年（加12个月）再减；若配种日期加6后，得数超过这个月的实际天数，则应减去这个月的天数，余数移到下个月计算。水牛预产期的推算可按"月减2，日加9"来推算。

二、分娩的预兆

随着胎儿的逐步发育成熟和产期的临近，母牛身体会发生一系列先兆变化。为保证安全接产，必须安排有经验的饲养人员昼夜值班，注意观察母牛的临产症状。

1. 乳房膨大

产前约半个月，孕牛乳房开始膨大，乳头肿胀，乳房皮肤平展，皱褶消失，有的经产牛还可见乳头向外排乳。

2. 外阴部肿胀

妊娠后期，孕牛外阴部肿大、松弛，阴唇肿胀，如发现阴门内流出透明线状黏稠液体，则1~2天内将分娩。

3. 骨盆韧带松弛

妊娠末期，骨盆部韧带软化，臀部有塌陷现象，在分娩前12~36小时，韧带充分软化，尾部两侧肌肉明显塌陷，俗称"塌沿"，这是临产的主要前兆。"塌沿"现象在黄牛、水牛上表现较明显，肉用牛由于肌肉附着丰满，这种现象不明显。

4. 行为变化

临产前，子宫颈开始扩张，腹部发生阵痛，引起母牛行为发生改变。当母牛表现不安，时起时卧，频繁排尿，头向腹部回顾时，表明母牛即将分娩。

三、分娩过程

分娩是母牛借子宫和腹肌的收缩,把胎儿及其附属膜(胎衣)排出体外的过程。分娩过程是指子宫开始出现阵缩到胎衣完全排出的整个过程。根据临床表现可将分娩过程分为3个连续时期,即子宫开口期、胎儿产出期和胎衣排出期,但子宫开口期和胎儿产出期之间的界限不明显。

1. 子宫开口期

子宫开口期简称开口期,指从子宫阵缩开始,到子宫颈充分开大或充分开张与阴道之间的界限消失为止。开口期平均为6小时(1~12小时)。这一时期一般仅有阵缩,没有努责。阵缩即子宫间歇性的收缩;努责是指膈肌和腹肌的反射性和随意性收缩,子宫颈变软扩张。开始收缩的频率低,间隔时间长,持续收缩频率加快;随着分娩进程的加剧,收缩频率加快,收缩的强度和持续的时间增加,以至每隔几分钟收缩一次。开口期时,母牛寻找不受干扰的地方等待分娩,轻微不安、时起时卧、食欲减退、时吃时停、转圈刨地、回头顾腹、尾根抬起,常有排尿姿势。放牧母牛有离群现象。

2. 胎儿产出期

胎儿产出期简称产出期,指从子宫颈充分开大,胎囊及胎儿的前置部分楔入阴道,或子宫颈已能充分开张,母牛开始努责,到胎儿排出为止。产出期一般为1~4小时,产双胎时,两胎间隔1~2小时。在这一时期,阵缩和努责共同发生作用,但努责是胎儿产出的主要动力。努责比阵缩出现得晚,停止得早。这一时期母牛表现烦躁不安,呼吸加快加剧,反复起卧,前蹄刨地,有时后蹄踢腹,回顾腹部,嗳气,拱背努责。在最后卧下破水后,呈侧卧姿势,四肢伸直,腹肌强烈收缩,当努责数次后,休息片刻,然后继续努责,脉搏、呼吸加快。由于母牛强烈阵缩与努责,胎膜带着胎水被迫向完全开张的产道移动,最后胎膜破裂,排出胎水,胎儿随着母牛努责不断向产道内移动。在努责间歇时,胎儿又稍退回子宫,但在胎头楔入盆腔之后,则不能再退回。产出期中,胎儿最宽部分的排出时间较长,特别是头部。头通过盆腔及其出口时,母牛努责最强烈,常哞叫。在头露出阴

门后,母牛往往稍事休息。胎儿如为正生,母牛随之继续努责,将其胸部排出,然后努责骤然缓和,其余部分也能迅速排出,脐带亦被扯断,仅将胎衣留在子宫内。这时母牛不再努责,休息片刻后站起,以照顾新牛犊。

3. 胎衣排出期

胎衣是胎儿附属膜的总称,其中包括部分断离脐带。胎衣排出期指从胎儿排出后算起,到胎衣完全排出为止。其特点是当胎儿排出后,母牛即安静下来,经过几分钟后,子宫主动收缩,有时还配合轻度努责而使胎衣排出。此期一般为4~6小时,最多不超过12小时,超过则认为是胎衣不下,要及时进行处理。

四、分娩时胎儿与母体的相互关系

分娩过程正常与否,和胎儿的方向、姿势、位置以及与骨盆之间的关系密切,是决定能否顺利产出的关键。

1. 胎向、胎位和胎势

(1) 胎向 胎向指胎儿在母体子宫内的方向,即胎儿纵轴与母体纵轴之间的关系。通常分为3种情况。

纵向:纵向是指胎儿纵轴与母体纵轴互相平行的分娩方式。纵向分娩有正生和倒生两种情况:正生,胎儿方向与母体方向相反,头和前肢先进入骨盆腔;倒生,胎儿方向与母体方向相同,胎儿的后肢和臀部先进入骨盆腔。

横向:横向是指胎儿横卧在母体子宫内,胎儿的纵轴与母体的纵轴呈水平交叉的分娩方式。横向分娩有背横向和腹横向两种情况:背横向又称为背部前置横向,是指分娩时,胎儿背部向着产道出口;腹横向又称为腹部前置横向,是指分娩时,胎儿腹部向着产道出口。

竖向:竖向是指胎儿的纵轴与母体的纵轴呈上下垂直状态的分娩方式。有背竖向和腹竖向两种情况:背竖向分娩时,胎儿的背部向着产道出口;腹竖向分娩时,胎儿的腹部向着产道出口。

纵向是正常胎向,横向和竖向都属反常胎向,易发生难产。生产实践中,严格的横向和竖向一般很少发生。

(2) 胎位 胎位指胎儿的背部与母体背部的关系,有以下三种情况。

下位：胎儿仰卧在子宫内，背部朝下，靠近母体的背部及荐部。

上位：胎儿俯卧在子宫内，背部朝上，靠近母体的背部及荐部。

侧位：胎儿侧卧在子宫内，背部位于一侧，靠近母体左侧或右侧腹壁及髂骨。

上位是正常的，下位和侧位是反常的。侧位如果倾斜不大，称为轻度侧位，仍可视为正常。

（3）胎势 胎势指胎儿在母本子宫内的姿势，即各部分伸直或屈曲的程度。通常，胎儿在子宫内体躯微弯，四肢屈曲，头部向着腹部俯缩。在分娩前牛的胎向多是纵向，近似侧位，全身弯曲呈长椭圆形。

（4）前置（先露） 前置指胎儿最先进入产道的部分，如正生时前躯前置，倒生时后躯前置。常用"前置"说明胎儿的反常情况，如前腿的腕部是屈曲的，腕部向着产道，叫腕部前置。

2. 分娩时胎位和胎势的改变

牛分娩时胎向不发生变化，但胎位和胎势则必须发生改变后才能产出。由于子宫收缩或因胎儿窒息所引起的反射性挣扎，可使胎儿由下位或侧位转变为上位，胎势也由弯曲转变为伸展。牛分娩时，胎儿多是纵向，头部前置。

正常姿势在正生时两前肢、头颈伸直，头颈放在两前肢上面；倒生时，两后肢伸直。这两种楔状进入产道的姿势，容易通过骨盆腔，不会发生难产。如果胎儿过大，并伴有胎势反常，则易造成难产。

五、母牛助产技术

1. 产前准备

（1）产房的准备 母牛分娩时要集中精力，任何不良因素都会影响分娩进程。为了分娩的安全，应设有专用产房和分娩栏。产房要求清洁，宽敞，干燥，阳光充足，通风良好，环境安静；产房墙壁、地面要平整，以便于消毒；产房铺垫的褥草不可切得过短，以免仔畜误食而卡入气管内。临产母畜应在预产期前 1 周左右进入产房，值班人员要随时注意观察分娩预兆。

（2）助产用器械和药品 产房内应该备有常用助产器械及药品，如酒精、碘酒、来苏尔、催产素、药棉、纱布、细线绳、产科绳、剪刀、手术刀、镊子、针头、注射器、手电筒、手套、肥皂、毛巾、塑料布、水盆、胶鞋、工作服、常用手术助产器械等。

2. 正常分娩的助产

分娩是母牛正常的生理过程，一般不需要助产，但胎位不正、胎儿过大、母牛娩出无力等情况会给母牛正常分娩带来一定困难，这时需要人为帮助，以确保母牛和犊牛安全。

（1）清洗母牛的外阴及其周围部位 当母牛出现分娩先兆时，应将其外阴部、肛门、尾根及后躯洗净，再用1%~2%来苏儿或0.1%高锰酸钾溶液消毒。

（2）观察母牛的阵缩和努责状态 正常分娩时，子宫肌的收缩（即阵缩）和腹肌、膈肌的收缩（即努责），推动胎儿向产道移动，当胎儿进入产道后，母牛开始弓背闭气努责，属正常生理反应。努责微弱时，胎儿排不出来，或仅排出一部分，或双胎只排出1个胎儿后不再努责，属分娩力量不足；当努责过于强烈或努责时间过长，两次努责间歇时间很短，胎儿迅速排出时，软产道往往会受到严重创伤。如产程过长，子宫颈口已完全开张，胎水已排出，尤其是胎儿已经死亡时，助产人员应采取措施，设法将胎儿拉出。

当胎儿姿势不正常时会造成难产，如果子宫肌出现痉挛性强直性阵缩，母体胎盘血管受到压迫，会使胎儿长期缺氧而窒息，有的还会继发子宫脱出。此时可使母牛站立，抬高后躯，减轻子宫对骨盆的接触和压迫，亦可牵引母牛走动或捏其阴蒂使努责减弱，必要时可使用麻醉药品。

（3）检查胎儿和产道的关系是否正常 母牛分娩进入产出期后，胎儿的前置部分已经进入产道，当母牛躺卧努责，从阴门可看到胎膜露出时，助产人员可用消毒的手臂伸入产道检查胎儿的方向、位置及姿势是否正常，以便及早发现问题及时矫正。检查时可以隔着胎膜触诊，不要轻易撕破胎膜，也可以在尿囊破裂后进一步检查。检查手势如图3-3所示。

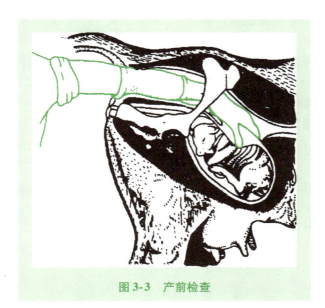

图3-3 产前检查

检查胎儿的姿势时主要通过触诊检查头、颈、尾及前后肢的形态特点状况，判断胎儿姿势和前置部位，检查蹄底的方向也很重要。胎儿正生时应"三件"（唇及二前蹄）俱全。如果两前肢露出很长时间而不见唇部，或露出唇部而不见前蹄，可能是头颈侧弯、额部前置、颈部前置、头向后仰等不正常姿势。如果两前肢长短不齐，有可能是肘关节屈曲、肩部前置。如果只摸到嘴唇而触不到前肢，有可能是肩部前置、两侧腕部前置或肘关节屈曲。倒生时，两后肢蹄底向上，可摸到尾巴。如果在产道内发现两条以上的腿，可能是正生后肢前置或倒生前肢前置，可根据腕关节及跗关节的差别做出判断。

在检查胎儿和产道的关系同时，也应检查产道的松软及润滑程度，子宫颈松弛及扩张程度，骨盆腔的大小、软硬及产道有无异常现象，以判断有无发生难产的可能。

（4）处理胎膜 牛的胎膜多是羊膜绒毛膜先形成一个囊状物凸出于阴门，努责及阵缩加强时，胎儿向着产道的推力加大，羊膜绒毛膜由于胎盘的牵扯而破裂，流出淡白或微黄色的黏稠羊水。有时尿膜绒毛膜先露出于阴门外破裂而排出褐色的尿水。因此，牛胎儿排出时

不会有完整的胎膜包被。在胎儿娩出过程中，不要随意强行撕破胎膜。

（5）保护会阴及阴唇 胎儿头部通过阴门时，如果阴唇及阴门非常紧张，助产人员应用手护住阴唇及会阴部，使阴门横径扩大，促使胎儿头部顺利通过，且能避免阴唇上联合处被撑破撕裂。

（6）帮助牵拉胎儿

1）牵拉胎儿的时机：在下述任何一种情况下，应将胎儿牵拉出。

① 头部通过过慢：正生时胎儿头部，尤其是眉弓部通过阴门比较困难，所需时间较长。为避免母牛过多地消耗体力，助产人员可以帮助牵拉胎儿。

② 由于产道狭窄或胎儿某部位过大，胎儿排出过慢。

③ 母畜阵缩、努责微弱，无力排出胎儿。

④ 倒生：倒生时脐带常被挤压于胎儿和骨盆底之间，影响血液畅通，可能造成胎儿窒息死亡，需要尽快排出胎儿。

2）牵拉胎儿应遵循下述原则。

① 胎儿姿势必须正常。配合努责牵引比较省力，而且也符合阵缩的生理要求，助产人员还应推压母畜的腹部，以增加努责的力量。

② 按照骨盆轴的方向牵拉。牛的骨盆轴是上下曲折的，由腰部向尾部的轴线走向是先向上，再水平，然后向下。牵接胎儿过程也应随这一曲线方向，先向上，待胎儿头颈出阴道口后再水平，在胎儿胸腰出阴道口后向下、向后牵拉。当胎儿肩部通过骨盆入口时，因横径大，排出阻力大，此时牵拉应注意不要同时牵拉两前肢，而应交替牵拉两前肢，使肩部倾斜，缩小横径，容易拉出胎儿。当胎儿臀部将要排出时，应缓慢用力，以免造成子宫内翻或脱出，也避免腹压突然下降，导致母牛脑部贫血。当胎儿腹腔部通过阴门时，应将手伸到胎儿腹下握住脐带，和胎儿同时牵拉，以免将脐带扯断在脐孔内。

3. 助产的方法

在一般情况下，不要干预母牛分娩，助产人员只需看护分娩过程，在产下犊牛后，对犊牛进行护理。未发现母牛呈难产病状时，不要在母牛跟前走动。助产前应清洗母牛的外阴及其周围部分,助产人员手臂应消毒。

在正常情况下,胎儿口鼻部和两前肢已经露出阴门,可撕破羊膜,用桶将羊水接住,产后喂给母牛,利于胎衣的排出。犊牛产出后,立即清理胎儿口鼻腔内的黏液,以免胎儿窒息,利于呼吸。倒生时,当两腿产出后,应及早拉出胎儿,防止胎儿腹部进入产道后,脐带被压在骨盆下,造成胎儿窒息死亡。倘若发生难产,应先将胎儿顺势推回子宫,矫正胎位、胎势,不要硬拉。如果母牛努责无力,要进行助产,用消毒的产科绳缚住胎儿两前肢系部,助产人员将手伸入母牛阴道,大拇指插入胎儿口角,然后捏住胎儿下颌,随着母牛努责,顺着骨盆产道的方向,左右交替使用力量,当胎儿头部经过阴门时,用手护住阴门背侧,防止撕裂。胎头拉出后,要放慢拉出速度,以免引起子宫内翻或脱出。当胎儿腹部通过阴门时,用手捂住胎儿脐带根部,防止脐带断在脐孔内,延长断脐带时间,使胎儿获得更多的血液。

胎衣排出后,及时取走,以免母牛吃下,引起消化紊乱。

助产的目的是让犊牛顺利产出,母牛少受痛苦,生殖器官少受损伤,减少母牛体力消耗,使母牛有足够的奶汁和充沛精力哺育犊牛。如果胎儿过大,胎位不正难以校正,胎儿一时拉不出来,时间长了,胎儿会死在子宫里。碰到这种情况,要及早进行剖腹产,确保母子平安。如果胎儿死在子宫里,要用胎儿破碎术取出,或打开腹腔划破子宫壁取出。在处理过程中,尽量减少母牛生殖道损伤,以免出血过多或受到感染,引起母牛死亡,造成较大的经济损失。

【注意】

如果母牛能正常分娩,则应尽量减少人工干扰,人工干扰越多,越容易对母牛形成不良的刺激,易诱发产后胎衣不下和产后子宫内膜炎。正常分娩时以过程监控为主,发现问题时再进行助产。

六、产后母牛的护理

母牛经妊娠、分娩,生殖器官变化很大,需要一段时间才能恢复到正常状态。在此期间母牛抵抗力降低，消化机能减弱，身体虚弱。为了促使母牛生殖器官恢复正常，体力恢复，防止产后疾病的发生，使母牛重新发情、配种，有足够的奶水来哺育犊牛，使犊牛健康生长发育，必须加强对母牛的饲养和护理。

1. 补充水分

在分娩过程中，母体丧失很多水分，产后要及时饮用温热麸皮盐水汤（1.5~2千克麸皮、100~150克盐，用2.5~3千克温水调成），以补充母牛分娩时体内水分的损耗，恢复母牛的体力。

2. 清洗消毒

用消毒液清洗母牛的外阴部、尾巴及后躯。因为胎儿娩出过程中会造成产道浅表层创伤，娩出胎儿后子宫颈口仍开张，子宫内积存大量恶露，极易受微生物的侵入，引发产后疾病，因此要做好清洗消毒工作。

3. 观察母牛努责情况

产后数小时内，母牛如果依然有强烈努责，尾根举起，食欲及反刍减少，应注意检查子宫内是否还有胎儿或有子宫内翻脱出、产道异常出血的情况。

4. 检查排出的胎衣

胎儿娩出后，要及时检查胎衣的排出情况，胎衣排出后，应检查是否完整，并注意将胎衣及时从产房移出，防止母牛吞食胎衣。产后胎衣排出时间一般在4~6小时，不应超过12小时。若超过12小时胎衣仍不能排出，应按胎衣不下及时进行处理。

5. 做好胎衣不下的治疗

胎衣不下又叫胎衣停滞，指母牛产出犊牛后，胎衣不能在正常时间内脱落排出而滞留于子宫内。胎衣脱落时间超过12小时，存在于子宫内的胎衣会自溶，遇到微生物还会腐败，尤其是夏季，滞留物会刺激子宫内膜发炎。

胎衣不下的治疗原则是增加子宫的收缩力，促使胎盘分离，预防胎衣腐败和子宫感染。

（1）促进子宫收缩 一次肌内注射垂体后叶素100单位或麦角

新碱20毫克，2小时后重复用药。促进子宫收缩的药物必须早使用，产后8~12小时效果最好，超过24~48小时，必须先补注类雌激素（己烯雌酚10~30毫克），0.5~1小时后再使用子宫收缩药物。灌服无病牛的羊水3000毫升或静脉注射10%的氯化钠300毫升，也可促进子宫收缩。

（2）预防胎衣腐败及子宫感染 将土霉素2克或金霉素1克，溶于250毫升蒸馏水中，1次灌入子宫，或将土霉素粉干撒于子宫角，隔天1次，经2~3次，胎衣会自行分离脱落，效果良好。药液也可一直灌至子宫阴道分泌物清亮为止。如果子宫颈口已缩小，可先注射己烯雌酚10~30毫克，隔日1次，以开放宫颈口，增强子宫血液循环，提高子宫抵抗力。

（3）促进胎儿与母体胎盘分离 向子宫内一次性灌入10%的灭菌高渗盐水1000毫升，其作用是促使胎盘绒毛膜脱水收缩，从子宫阜中脱落，高渗盐水还具有刺激子宫收缩的作用。

（4）中药治疗 用酒（市售白酒或75%酒精）将车前子（250~330克）拌湿，搅匀后用火烤黄，放凉碾成粉面，加水灌服。也可用中药补气养血，增加子宫活力：党参60克、黄芪45克、当归90克、川芎25克、桃仁30克、红花25克、炮姜20克、甘草15克，用黄酒150克做引。体温高者加黄芩、连翘、金银花，腹胀者加莱菔子，混合粉碎，开水冲浇，连渣服用。

（5）手术治疗 手术治疗即胎衣剥离。施行剥离手术的原则是，胎衣易剥离的牛进行剥离，否则，不可强行剥离，以免损伤母体子叶，引起感染。剥离后可隔天投放金霉素或土霉素，同时配合中药治疗效果更好。黄芪30克、党参30克、生蒲黄30克、五灵脂30克、当归60克、川芎30克、益母草30克，腹痛、瘀血者加醋香附25克、泽兰叶15克、生牛夕30克，混合粉碎，开水冲服。

6. 观察恶露排出情况

恶露最初呈红褐色，以后变为淡黄色，最后为无色透明，正常恶露排出的时间为10~12天。如果恶露排出时间较长，或恶露颜色变暗、有异味，母牛有全身反应，则说明子宫内可能有病变，应及时检

查处理。

七、新生犊牛的护理

新生犊牛出生后由母体进入外界环境，生活条件发生完全不同的改变，新生犊牛的各部分生理机能还很不完善。为了使其逐渐适应外界环境，除要注意避免新生犊牛发生窒息外，必须做好护理工作。

1. 保证呼吸顺畅

犊牛产出后，应再一次彻底清除口鼻的黏液，利于犊牛呼吸。当犊牛已吸入黏液而造成呼吸困难时，可握住犊牛的后肢，将犊牛倒挂起来并拍打其胸部，使之吐出黏液，并擦干净。如犊牛产出时已无呼吸，但尚有心跳，可在清理其口腔及鼻孔黏液后将犊牛在地面摆成仰卧姿势，头侧转，按压与放松犊牛胸部进行人工呼吸，每6~8秒按压一次。

2. 擦净犊牛身上的黏液

如正常产犊，母牛会立即舔食犊牛身上的黏液，无须人工擦拭，这样既增加母牛的恋仔、护仔心理，又有助于刺激犊牛呼吸，加强血液循环。如母牛不愿意舔，可将麸皮擦在犊牛的身上，来诱导母牛舔净黏液。

奶牛的犊牛，一般采用人工哺乳，因此，不让母牛舔黏液，而是用软干草或干布擦净犊牛身上的黏液。这是为了不让母牛有恋仔心理，免得增加挤奶的困难。

3. 断脐

犊牛产出后，脐带往往自然扯断，要立即用5%碘酒充分消毒拉断的脐带。如果脐带未扯断，应将脐血管中的血液捋向胎儿，以增加胎儿体内的血液。在距犊牛腹部10~12厘米处剪断，挤出脐带中的黏液，用5%碘酒充分消毒，以免发生脐炎。在卫生条件好的环境里，断脐后可以不进行包扎，每天用5%的碘酊处理1次，以促进其干缩脱落。通常新生犊牛断脐在出生后1周左右干缩脱落，在脐带干缩脱落前后，要注意观察脐带的变化，出现滴血或排液现象可能是由于脐血管或脐尿管闭锁不全所引起，要及时治疗和结扎。

4. 尽早喂初乳

初乳是母牛产犊后 5~7 天内所分泌的乳汁，色深黄而黏稠。初乳中有较多的镁盐，有助于犊牛胎粪的排出。初乳中干物质含量高，营养丰富而全面。干物质中蛋白质的含量比常乳多 4~5 倍，白蛋白比常乳高几十倍，免疫球蛋白高约 100 倍。白蛋白是极易消化的，对初生犊牛特别有利。犊牛在出生 5 周内不能获得主动免疫，初乳中的免疫球蛋白是唯一的抗体来源，可保护犊牛出生后即免受传染病的影响。

初乳所含的营养物质常随母牛产后时间的增加而逐渐下降。分娩后 30 分钟之内第 1 次所挤的初乳质量最好，第 2 次、第 3 次所挤初乳中抗体的浓度就会降低 30%~40%。犊牛刚出生时能较好地吸收初乳中的免疫球蛋白，出生后 24~36 小时，对免疫球蛋白就基本不能再吸收了。如果犊牛出生后 24 小时内吃不上初乳，犊牛对许多病原丧失抵抗力，易患引起下痢甚至死亡的犊牛大肠杆菌病。

因此，犊牛出生后应尽早哺喂初乳，最好在出生 1 小时内吃到初乳。第一次初乳的喂量不可低于 1 千克，日喂一般不少于 3 次，日喂量应高于常乳，可喂到体重的 1/6。如果乳温下降应水浴加热至 35~38℃。温度过高初乳会凝固，过低犊牛吃了会拉痢。

【提示】

如果母牛产后患病或死亡，可用同期分娩母牛的初乳喂犊牛。如果没有同期分娩的母牛初乳，可用常乳加 20 毫升鱼肝油、50 毫升泻油和 250 毫克土霉素，连喂 5 天，5 天以后土霉素喂量降至每日 125 毫克。

第四章
做好繁殖母牛饲养管理，向管理要效益

第一节　母牛饲养中的误区及纠正措施

一、在观念上不重视母牛饲养

在当前国内肉牛生产中，比较重视肉牛的肥育，肥育牛饲养管理相对比较科学，但繁殖母牛的饲养管理就比较粗放。许多养殖户认为母牛不肥育就不需要精心饲养，如管理不当、不重视种牛选育等，这样就造成母牛生长发育不良、不能正常发情配种、孕牛流产等，导致繁殖率下降，严重制约了肉牛业的发展。因此，要改变母牛饲养观念，给母牛提供良好的生活环境，科学地饲养管理，加强疾病防治，保证母牛能正常发情配种及受孕产犊，以保障肉牛业可持续发展。

二、急于求成，过早配种

很多养殖户为了尽快获利，常常早配种，在母牛还未满18个月时就急忙进行配种。由于母牛本身发育还远未完成，容易导致母牛难产，严重的还会导致母牛早衰。正确的配种时间应该在母牛满18个月，体重达到成年体重70%时开始配种，这样基本不影响母牛的正常发育。

三、不注意卫生消毒

经过多年的培育，牛的环境适应力和抗病力都极强，因此很多养殖户对养殖场的卫生环境不重视，但其实牛对环境非常敏感，如果养殖场地不干净,不注意消毒,通风性不好,不干燥,长期处于阴暗潮湿的环境,就会阻碍牛的新陈代谢,甚至诱发疾病,严重影响牛的健康和繁殖性能。所以,饲养繁殖母牛也要重视卫生消毒工作,各消毒设施要健全,使用要规范,牛舍勤打扫、勤消毒、合理通风等,给母牛提供一个良好的生活环境。

四、长期拴养,运动不足

在农村养殖时很多农户常常采用传统的养殖方法,为了省心省力,将母牛不分季节拴在木桩上,限制牛的活动空间,这样很容易导致母牛难产,胎衣不下,发情不明显,体质差,易患肢蹄病等情况。在饲养中要每天让母牛进行一定的运动,最好是在室外运动场,让母牛能自由活动,接受日光浴,这样可促进母牛的新陈代谢,增加采食量,提高免疫力和抗病力,保持母牛正常的繁殖力。

五、不刷拭牛体、不重视防暑降温工作

很多养牛户不习惯每天用刷子、梳子刷拭牛体,结果母牛身体上粘有许多污物,只好用身体蹭墙、立柱、饲槽等方式解痒,严重影响母牛身体健康,还容易使母牛患上皮肤病。每天刷拭牛体,既可保持母牛的体表卫生,又可促进皮肤新陈代谢,还能与母牛建立良好信赖关系,有益于提高母牛的繁殖性能。牛是耐寒不耐热动物,国内大部分区夏秋炎热,在高温情况下,母牛不易正常发情配种,还会导致母牛患病率上升。因此,要高度重视防暑降温工作,如运动场要设遮阳棚或种树遮阳,夏季多饲喂一些青绿饲料,注意饮水,中午高温时可采用风扇降温等多种措施,缓解高温对母牛的不利影响。

六、犊牛哺乳期过长

很多养牛户在母牛产犊以后,让母牛长期哺乳,哺乳期长达8~9个月甚至更长。其实犊牛出生6个月以后经哺乳所获取的营养已经很少,而且带犊哺乳还会影响母牛发情,使产后发情推迟,很难做到1年1犊。生产中建议将犊牛哺乳期限制在6个月以下,条件好的养殖场可缩短到4个月。犊牛出生后要尽早补草补料,利用植物性饲料

对瘤胃发育的促进性提高犊牛的消化能力，胃肠发育得好了，断奶后反而能长得更快。

第二节 做好母牛带犊繁育

一、建立母牛带犊繁育体系

结合犊牛的生长发育特点及母牛的产后生殖生理特点，针对母牛带犊饲养体系的特殊性，将传统的饲养技术与现代饲养技术综合配套，建立母牛带犊体系，解决母牛带犊体系中妊娠阶段补饲及产后母牛饲养管理等各方面易出现的问题，推行犊牛代乳粉的使用及早期犊牛补饲技术等，依据犊牛生产方向的不同确定不同的饲养方案。

母牛的带犊繁育体系，要针对肉牛的生长发育曲线，制定具体的增重指标，按时称重和体尺测量，积累育种资料，监控生长发育状况，适时调整饲料配方和饲喂量等。针对肉牛早期生长发育速度快和作为肉牛产奶量低的情况，开展犊牛补饲工作，在犊牛1月龄时，即配制犊牛料，由其自由采食。对于犊牛的管理，采取统一措施：①除已有产犊母牛外还要补充几头保姆牛，专人饲养，每天补给适量鱼肝油；②犊牛出生时统一注射破伤风抗毒素；③犊牛出生1周内预防性内服抗菌药以提高犊牛抗病力；④犊牛栏内改硬面牛床为沙土软面牛床；⑤配制专用犊牛饲料，抓好开饲和补饲关。通过以上措施，可提高犊牛的成活率和各项生长指标。

二、犊牛常乳期的哺喂和补饲

犊牛经过5~7天初乳期之后开始哺喂常乳，哺喂常乳至完全断奶的这一阶段称为常乳期。这一阶段是犊牛体尺、体重增长及胃肠道发育最快的时期，尤其以瘤胃、网胃的发育最为迅速。此阶段是由真胃消化向复胃消化转化、由饲喂奶品向饲喂同体料过渡的一个重要转折时期。

犊牛随母牛自然吃乳，因此要随时观察母牛泌乳情况，如遇乳量不足或母牛乳房疾病，应及时改善饲养条件并治疗母牛疾病。如出现乳量过于充足造成犊牛腹泻的情况，应人工挤掉一部分奶，暂时控制犊牛哺乳次数和哺乳量，并及时治疗腹泻。如有条件最好把母牛与犊牛隔开，采用自然定时哺乳的方法，一昼夜哺乳4~6次，但必须让犊牛准时哺喂。如果舍饲管理，2周以后应当训练犊牛采食少量精饲料和铡短的优质干草。4周龄后可投放少量混合精饲料饲喂犊牛，以促进犊牛的瘤胃发育，为必要的补饲和断奶后采食大量的饲草料创造条件。在圈舍或运动场内必须备有清洁新鲜饮水，供犊牛随时饮用。为保证母牛按时发情、配种和正常怀孕，必须及时断奶。如果犊牛出生体重太小或曾患病，可通过加强饲养的办法弥补，不应延长哺乳期。

犊牛的哺乳期应根据犊牛的品种、发育状况、牛场（农户）的饲养水平等情况来确定。精饲料条件较差的牛场，哺乳期可定为4~6个月；精饲料条件较好的牛场，哺乳期可缩短为3~5个月；如果采用代乳粉和补饲犊牛料，哺乳期则为2~4个月。

1. 哺喂常乳的方法

一般肉用犊牛采用自然哺乳，最好用母牛的常乳喂养。如果母牛产后死亡、虚弱、缺乳或母性不佳，不能进行自然哺乳时，可寻找奶水充足的其他母牛代喂养，或人工哺乳。

人工哺乳时初乳、常乳变更应注意逐渐过渡（4~5天），以免造成消化不良。同时要做到定质、定量、定温、定时饲喂。

实践证明，给予高乳量长时间哺乳期饲养的犊牛，虽然犊牛增重快，但对其消化器官的锻炼和发育很不利，而且加大了饲养成本，母牛产后长时间不能发情配种，所以应当减少哺乳量和缩短哺乳期。哺乳方案多采用"前高后低"，即前期喂足奶量，后期少喂奶，多喂精粗饲料。肉用犊牛4月龄断奶培育方案见表4-1。

表4-1　肉用犊牛4月龄断奶培育方案

日龄/天	全奶 日喂量/千克	精饲料 日喂量/千克	干草 日喂量/千克	青贮饲料 日喂量/千克
0~7	4.0（初乳）	—	—	—
8~20	5.0	训饲	训饲	—

（续）

日龄/天	全奶 日喂量/千克	精饲料 日喂量/千克	干草 日喂量/千克	青贮饲料 日喂量/千克
21~30	7.0	0.3	0.2	—
31~40	6.0	0.5	0.3	—
41~55	5.0	1.0	0.4	—
56~70	4.0	1.5	0.8	训饲
71~90	2.0	2.0	1.0	自由采食
91~120	1.0	2.0	1.2	自由采食

（1）随母哺乳法 犊牛出生后每天跟随母牛哺乳、采食和放牧，哺乳期为5个月左右，长者6~7个月。这样容易管理，节省劳动力，是目前多数养殖户选用的培育方法。但该方法不利于母牛的管理，会加大母牛的饲养管理成本，小型的肉牛繁育场或农户可采用此法。

（2）保姆牛哺乳法 即1头产犊母牛同时哺育2~3头出生时间相近的犊牛。应注意选择产奶量较高、哺乳性能好、健康无病的母牛做保姆牛，喂奶时母子在一起，平时分开，轮流哺乳。这种方法可节约母牛的饲养管理成本，也节约劳动力，但缺点是会传染疾病，建议卫生条件好的大中型肉牛繁育场采用。

（3）人工哺乳法 对乳肉兼用和一些因母牛产后泌乳少或没有母乳可哺喂的犊牛，应采取人工哺乳。国际上一些先进的肉牛繁殖场采取90日龄分期人工哺乳育犊方案，哺乳天数为90天，总喂乳量为510千克全乳：1~10日龄，5千克/天；11~20日龄，7千克/天；21~40日龄，8千克/天；41~50日龄，7千克/天；51~60日龄，5千克/天；61~80日龄，4千克/天；81~90日龄，3千克/天。

人工哺乳的方式有桶喂和带奶嘴的奶壶喂两种，后者较好。如用桶喂，奶桶要固定，开始几次要用手引导犊牛吸入，喂完后用干净毛巾擦干犊牛嘴角周围。犊牛奶壶饲喂如图4-1所示。

犊牛在吸吮母牛乳头或用奶嘴吸吮液体饲料时，能反射性地引起食管沟两侧的唇状肌肉收缩卷曲，使食管沟闭合成管状，形成食管沟闭合反射。在用桶、盆等食具给犊牛喂乳时，由于缺乏对口腔感受器的吮吸刺激作用，食管沟闭合不完全，往往有一部分乳汁流入瘤胃和网胃，经微生物作用发酵、产酸，造成犊牛消化不良。

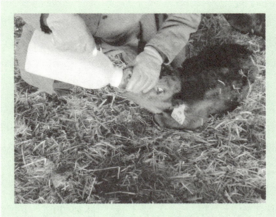

图 4-1　犊牛奶壶饲喂

2. 尽早补饲犊牛精饲料和干草以刺激瘤胃发育

随着哺乳犊牛的生长发育、日龄增加，每天需要养分增加，而母牛产后 2~3 个月产乳量逐渐减少，因此单靠母乳不能满足犊牛的养分需要。同时，为了促进瘤胃发育，在犊牛哺乳期，应用"开食料"和优质青草或干草进行补饲。

犊牛出生后 2~3 周开始训练其采食犊料，最好是直径为 3~4 毫米、长 6~8 毫米的颗粒料和优质禾本科、豆科干草。这些饲料在此期间虽不起主要营养作用，但能刺激瘤胃的生长发育。喂全奶的犊牛 8 周龄时的胃容积、胃重及胃乳头状态的发育远不及喂奶、料、草的犊牛 4 周龄发育得好。特别是胃重和胃乳头高度，8 周龄时喂奶、料、草犊牛的胃重和胃乳头高度是喂全奶犊牛的 3 倍。犊牛大约在出生后 20 天即开始出现反刍，并伴有腮腺唾液的分泌。到 7 周龄时，犊牛已形成比较完整的瘤胃微生物区系，具有初步消化粗饲料的能力。

3. 由哺乳过渡到采食饲料

犊牛刚出生时瘤胃不具备消化功能，促使犊牛瘤胃发育使犊牛达到目标体重的唯一方法是及早饲喂犊牛料和优质干草，尽早对犊牛补饲精、粗饲料。精、粗饲料的刺激会促进瘤胃的发育，建立正常的瘤胃微生物菌群，促进犊牛生长。

（1）补料时间 为了促进犊牛瘤胃发育，提倡早期补料，一般出生后第 1 周可以随母牛舔食精饲料，第 2 周可试着补些精饲料或使用开食料、犊牛料补饲，第 2 周、第 3 周补给优质干草，自由采食（通常将干草放入草架内，防止采食污草），也可在饲料中加些切碎的多汁饲料，2~3 月龄以后可喂秸秆或青贮饲料。

（2）补饲方法 为了节省用奶量，提高犊牛增重效果和减少疾病的发生，所用的混合精饲料要具有热能高、容易消化的特点，并要加入少量的抑菌药物。补料时在母牛圈外单独设置犊牛补料栏或补料槽（栏高 1.2 米，间隙 0.35~0.4 米，犊牛能自由进出，母牛被隔离在外），以防母牛抢食，每天补喂 1~2 次：补喂 1 次时，在下午或黄昏进行；补喂 2 次时，早、晚各喂 1 次。补料期间应同时供给犊牛柔软、质量好的粗饲料，让其自由采食，以后逐步加入胡萝卜（或萝卜）、地瓜、甜菜等多汁饲料。补饲饲料量随日龄增加而逐步增加，尽可能使犊牛多采食。根据母乳多少和犊牛的体重来确定饲喂量，2 月龄日喂混合料 0.2~0.3 千克；3 月龄日喂混合料 0.3~0.8 千克；4 月龄日喂混合料 0.8~1.2 千克；5 月龄日喂混合料 1.2~1.5 千克；6 月龄日喂混合料 1.5~2 千克。

（3）精饲料的补喂方法 犊牛出生后 15 天左右，开始训练其吃精饲料。初喂时可磨成细粉，与食盐、骨粉等矿物质饲料混合，涂擦犊牛口鼻，教其舔食。喂量由最初的每次 10~20 克，增加到数日后的每次 80~100 克，一段时间后，再喂混合好的湿拌料。开始时，将混合精饲料与水按 1∶10 的比例做成稀料喂给犊牛，也可在一开始就饲喂湿拌料，将混合精饲料与水按 1∶(2.0~2.5) 混合，以后逐渐改为固态湿拌料，2 月龄犊牛喂湿拌料。

犊牛精饲料要求高能量，易消化，适口性好，能刺激瘤胃迅速发育，蛋白质含量符合犊牛生长需求，原料质量好，可添加其他特定添加剂以预防疾病，减少发病率，如额外加入寡聚糖、有机硒、必需脂肪酸等。有条件的可将犊牛精饲料制成颗粒状，直径为 4~8 毫米。

犊牛1周龄内精饲料采食量很少，随着犊牛成长而喂量增加，2~8周龄犊牛精饲料饲喂量见表4-2。犊牛精饲料营养要求含粗蛋白质19%~21%、粗脂肪5%、粗纤维5%~8%、钙1.2%、磷0.8%。混合精饲料根据犊牛营养需要配制，犊牛出生后3~30日龄，可每天补喂一定量的抗生素，以防止下痢。不同阶段犊牛精饲料配方见表4-3。

表4-2　2~8周龄犊牛精饲料饲喂量

周龄/周	2	3	4	5	6	7	8
每次喂量/千克	0.08	0.18	0.28	0.5	0.6	0.8	1.0

表4-3　不同阶段犊牛精饲料配方

日龄	玉米(%)	麸皮(%)	豆粕(%)	杂粮(%)	乳清粉(%)	奶粉(%)	过瘤胃脂肪(%)	磷酸氢钙(%)	石粉(%)	食盐(%)	添加剂(%)
15~30天	35	10	25	0	10	8	5	3	2	1	1
31天到断奶	40	15	15	10	5	5	3	3	2	1	1
断奶后	45	20	15	13	0	0	0	3	2	1	1

（4）补喂干草　从3周龄开始，在牛栏的草架内添入优质干草（如豆科青干草等），训练犊牛自由采食，以促进瘤胃和网胃发育，防止犊牛舔食异物。最初每天10~20克，2月龄可达每天1~1.5千克。在夏秋季，有条件时犊牛可随母牛放牧，并逐步增加普通饲料。

（5）补喂多汁饲料　一般犊牛出生后20天开始饲喂多汁饲料。在混合精饲料中加入切碎的胡萝卜或甜菜、幼嫩青草等。最初每天20~25克，以后逐渐增加，到2月龄时可增加到每天1~1.5千克，3月龄为每天2~3千克。

（6）饲喂青贮饲料　由2月龄开始饲喂，最初每天100~155克，3月龄时可增加到每天1.5~2.0千克。

三、犊牛哺乳期的管理

犊牛哺乳期的生长发育直接关系到以后的增重，因此必须加强哺乳期犊牛管理，使犊牛4~5月龄断奶体重达到135~155千克，即哺乳期平均日增重应为500~600克。为检查饲养效果，每月应称重1次，达不到日增重要求时应及时采取补饲措施。必须强调的是，如果犊牛期尤其是4月龄内生长发育不良，后期生长中将无法弥补这种缺陷。

1. 哺乳期的适宜环境

犊牛哺乳期牛舍的基本条件要求如下。

1）随母混养、单圈饲养（有条件可建犊牛圈或犊牛岛）或小圈饲养（如3~5头小圈饲养），每头犊牛要有3~4米^{2}运动场，使犊牛在圈内可做适当运动，以弥补户外运动不足。哺乳（喂奶）时仍采用单桶饲喂或随母哺乳。

2）舍内温度为10~20℃，相对湿度为70%~80%，保持干燥清洁，如果冬季严寒，除了铺厚垫草以外，还可以给犊牛用红外灯加热，或给犊牛穿棉袄保温，如图4-2所示。

图4-2 犊牛用红外灯取暖及穿棉袄保温

3）舍内光照充足，采光系数为1:(10~12)，冬季阳光能直射到牛床上。

4）备有充足而干燥的垫草，一次性的厚垫草以稻壳最好。

5）具有充足而清洁的饮水。舍内设饮水槽，供给充足饮水，每天清洗1次，以保证饮水清洁，并可在饮水槽附近设添砖，供自由舔食。

6）舍内通风换气良好。空气流速冬季为0.1米/秒，夏季为0.2米/秒，无贼风。

搞好犊牛舍内空气卫生，防止肺炎发生。犊牛出生后的3~8周容易发生肺炎。肺炎对犊牛健康造成严重威胁，死亡率高。肺炎是空气中病原菌及有害气体的浓度超过了动物本身依靠呼吸道黏膜上皮的机械保护作用和机体所产生抗体的生物免疫作用的限度而产生的，是机体内平衡作用丧失的结果。因此，搞好犊牛及其舍内空气卫生，对预防犊牛肺炎是非常重要的。

2. 哺乳卫生

犊牛出生后1周内，宜用奶壶喂奶，3周龄后可用奶桶哺喂。每次使用哺乳用具后，都要及时清洗、消毒，饲槽也应刷洗干净，定期消毒。每次喂完奶，要使用干净的毛巾将犊牛口、鼻周围残留的乳汁擦干，防止互相乱舔而养成"舔癖"。舔癖的危害很大，常使被舔的犊牛产生脐带炎或睾丸炎，以致影响生长发育。同时，有这种舔癖的犊牛容易舔吃牛毛，久之在瘤胃中形成许多扁圆形的毛球，往往堵塞食道、贲门或幽门而致犊牛死亡。

3. 运动

运动能锻炼牛的体质，增进健康。犊牛出生7~10天后，可随母牛牵至室外或运动场内自由运动0.5小时，以后逐渐增加到2~4小时。每天分上午、下午各运动1次，但应注意防寒、防暑。但在下雨或冬季寒冷时，不要让犊牛躺卧在潮湿或冰冷的地面上，在夏季必须有遮阳条件。运动场要设草架和水槽，供给充足的清洁饮水，任其自由饮用；设盐槽或盐砖，供自由舔食。

4. 去角

对于将来做育肥饲养的犊牛，去角更有利于管理，减少顶撞造成

外伤。

5. 刷拭与皮肤卫生

用软毛刷每天轻轻刷拭皮肤 1~2 次，可促进皮肤的血液循环和呼吸，以利于皮肤的新陈代谢，保持皮肤清洁，防止体表寄生虫寄生。刷拭时使用毛刷，逆毛去顺毛归，从前到后，从上到下，从左到右，刷遍全身。禁用铁篦子直接挠，以免刮伤皮肤。若粪结痂粘住皮毛，要用水润湿，软化后刮除。

6. 预防接种

结合当地牛疫病流行情况，有选择地进行各种疾病疫苗的接种，如口蹄疫、魏氏梭菌、气肿疽、布氏杆菌、结核等。

7. 犊牛栏（舍或圈）的管理

犊牛出生后，应及时放进保育栏内，每栏 1 犊，隔离管理。出产房后，可转到犊牛栏中，集中管理，每栏可容纳 4~5 头。栏内要保持清洁干燥，并铺以干燥垫草，做到勤打扫、勤更换。犊牛舍内地面、围栏墙壁应清洁干燥，并定期消毒。舍内应有适当的通风装置，保持阳光充足，通风良好，空气新鲜，夏防暑，冬防寒。

8. 健康观察

平时对犊牛进行仔细观察，可及早发现有异常的犊牛，及时进行适当的处理，提高犊牛育成率。观察的内容包括：①观察每头犊牛的被毛和眼神；②每天 2 次观察犊牛的食欲以及粪便情况；③观察有无体内外寄生虫；④注意是否有咳嗽或气喘现象；⑤留意犊牛体温变化，正常犊牛的体温为 38.5~39.2℃，当体温高达 40.5℃ 以上时即属异常；⑥检查干草、水、盐以及添加剂的供应情况；⑦检查饲料是否清洁卫生；⑧通过体重测定和体尺测量检查犊牛生长发育情况；⑨发现病犊应及时进行隔离，并每天观察 4 次。

9. 调教管理

管理人员必须用温和的态度对待犊牛，经常接近它、抚摸它、刷拭牛体，使其养成温驯的性格。

10. 犊牛断奶

犊牛断奶是提高母牛生产性能的重要环节。犊牛一般经过 4~6

个月的哺乳和采食补料训练后,生长发育所需的营养已基本得到满足,可以进行断奶。犊牛体重超过100千克时,其消化机能已健全,已能利用一定的精饲料及粗饲料,一般能日采食1.5千克精饲料。断奶时可采用逐渐断奶的方法,具体为:首先,将母牛和犊牛分离到各自牛舍,减少日哺乳次数,最初可隔1日哺1次母乳,而后隔2日哺1次母乳,直至彻底断奶(完全离乳);其次,逐渐增加精饲料的饲喂量,使犊牛在断奶期间有较好的过渡,不影响其正常的生长发育。断奶后保持原来饲养方案并加强营养,日喂精饲料1.5~2.0千克,优质的青草、干草任意采食。

四、早期断奶犊牛培育技术

在肉用犊牛培育过程中,为了提高犊牛生长速度,提高母牛繁殖率,可采用早期断奶方式。早期断奶具有降低犊牛培育成本和死亡率、促进消化器官的迅速发育、减少消化道疾病的发病率、充分发挥母牛生产力的作用。一般情况下,60~90日龄的犊牛日采食精饲料量为1.2~1.5千克时,即可断奶。经过早期断奶和补料的犊牛,断奶后进行育肥,周岁体重可达到420千克,可当年出栏;而不补料的断奶犊牛育肥,在14~15月龄时才能达到出栏体重。

1. 采用早期断奶技术对犊牛的影响

犊牛在哺乳期的饲养管理是实现其从单胃消化转化为复胃消化,从以牛乳营养为主转向以草料营养为主,从以液体食物为主转变到以固体食物为主。传统养殖方法,犊牛出生后一般都是和母牛同圈饲养6个月左右才断奶。在这种情况下,断奶中后期母乳就已无法满足犊牛生长发育的营养需要,特别是改良杂种犊牛的营养需要,这就会导致犊牛的瘤胃和消化道发育相对迟缓,生长发育不完全,最终会影响断奶后犊牛的生长发育。

研究指出,在早期断奶阶段,使用犊牛代乳粉有利于提早锻炼犊牛的消化道,及早增强犊牛适应粗饲料的能力,促使犊牛的消化功能较早发育,从而发挥生产潜能。试验表明,饲喂代乳粉可提高犊牛的免疫力,减少犊牛的腹泻率;代乳粉对犊牛的生长发育没有

不良影响；犊牛的增重情况与哺乳的犊牛接近；在早期断奶期间及时进行早期补饲，可以促进瘤胃的早期发育。早期补饲的犊牛在6~8周龄时，瘤网胃发育即可达到一定程度，成年后的瘤胃体积比一般饲养情况下更大，从而为高产或高生长速度奠定良好的基础。应用早期断奶技术能给犊牛后期生长、生产性能的发挥带来比较理想的效果。

2. 采用早期断奶技术对母牛的影响

母牛在生产后需要哺乳犊牛，在此期间慢慢恢复体质。采用早期断奶技术使犊牛提早断奶离开母牛，可以让母牛尽快恢复体质，缩短产后发情时间，促进母牛发情和配种，使母牛尽快进入下一个繁殖周期。这方面的作用对肉牛养殖意义重大，早期断奶技术间接提高了母牛繁殖利用率和肉牛养殖的综合效益。

3. 犊牛早期断奶方案

犊牛早期断奶在生产中已经普遍应用，人工乳配合技术不断完善，可在犊牛吃完初乳后采用人工乳完全代替全乳。人工乳是干粉，一般用温水稀释8~10倍哺喂，1天喂2次，每次用200~250克人工乳加1.5~2千克水溶解后饲喂。如果同时备有优质的犊牛开食料供犊牛自由采食，2~3月龄就可断奶。具体方法如下。

1) 出生后1周内喂给初乳。犊牛应吃其亲生母亲所产的初乳。

2) 从8日龄至35日龄的4周内，1日2次早晚定时喂给人工乳。前2周喂量为200克/天，后2周为250克/天。喂法：将人工乳溶于6倍量的温水（40℃）中喂给，多采用水桶直接哺喂。

3) 从8日龄至3月龄，除喂人工乳外，同时不断喂给开食料和优质干草。犊牛从11日龄开始，除喂全乳外，也可以饲喂营养完全的代乳粉。从生后36日龄停喂人工乳，而只给开食料和干草。哺喂人工乳期间，开食料的喂量为100~200克/天；停喂人工乳后，迅速上升到1000~3000克/天。

4. 开食料的配制与喂法

开食料是配成的易于犊牛消化吸收且能满足过渡期营养需要的精饲料，形态为粉状或颗粒状。

(1) 开食料的配制 开食料是根据犊牛消化道及其酶类的发育规律配制的，能够满足犊牛营养需要，适用于犊牛早期断奶所使用的一种特殊饲料。其特点是营养全价，易消化，适口性好，其作用是促使犊牛由以吃奶或代乳品为主向完全采食植物性饲料过渡。开食料富含维生素及微量矿物质元素等。此外，开食料一般还含有抗生素（如金霉素或新霉素）、驱虫药（如拉沙里菌素、癸氧喹啉）和益生菌等。通常，开食料中的谷物成分是经过碾压粗加工形成的粗糙颗粒，以利于促进瘤胃蠕动。可在开食料中加入5%左右的糖蜜，以改善其适口性。

从犊牛出生后的第2周开始提供开食料，任其自由采食。在低乳量的饲养条件下，犊牛采食开食料的量增加很快，到1月龄时已能吃到0.5~1千克/天，等到50~60日龄，吃到1.5千克/天时，便可断乳。此时要限制开食料的供给量，以向普通配合料过渡。犊牛总计消耗20~30千克开食料。

(2) 开食料的饲喂方法 第10~15天，每天中午喂1次，每次将50克开食料放入盆（桶）中，加开水150~200毫升，冲成稀粥料，降温后让犊牛自由舔食。如果犊牛不采食开食料，可用手指取料，往犊牛的口中或嘴边抹，进行强制训饲。第16~21天，犊牛采食开食料，吃得比较干净时，每天喂料增加到100~200克。第22~30天，犊牛开食料的喂量增加到400~500克/天。购买的粉料，用凉水浸泡30分钟后，让犊牛自由舔食。颗粒料可直接放入槽中或料盆中让犊牛自由采食。

【注意】
购买的粉料或颗粒料勿用开水浸泡，以防止料中的维生素等营养成分因高温而失效。

5. 早期植物性饲料的饲喂

犊牛要早期断奶，必须提早补喂料草，可促进消化器官发育，提高犊牛质量，促进瘤胃显著发育，减少消化道疾病的发生，提高犊牛成活率。

【提示】

为预防下痢等消化道疾病，可每天补喂金霉素1万单位，30天后停喂，犊牛的日增重可提高7%~16%，高的可达30%，下痢发生率大大降低。在卫生条件较差的情况下，效果更为明显。

五、断奶至6月龄母犊牛的饲养管理

断奶犊牛一般是指从断奶到6月龄阶段的犊牛，此阶段是犊牛消化器官发育速度最快的时期，发育中的瘤胃体积也不断扩大，犊牛的营养需要也在不断变化。当犊牛2.5月龄断奶时，它的瘤胃很小，尚未得到完全发育，尚不能够容纳足够的粗饲料来满足生长需要，此时要注意补饲饲料的质量，以不断满足其对蛋白质和维生素的需要。断奶母犊牛的培育目标：①犊牛的日增重平均为760克；②6月龄的体重达到170~180千克，体高为95~100厘米，体长为100~115厘米；③6月龄时，犊牛日粮干物质采食量应达到4~4.5千克/天；④犊牛（6月龄时）混合精饲料喂量为2千克/天。

1. 断奶至6月龄母犊牛的饲养

犊牛断奶后，继续喂开食料（或犊牛料）到4月龄，日喂精饲料应在1.5~2.0千克，以减少断奶应激。4月龄后方可换成育成牛或青年牛精饲料，以确保其正常生长发育。6月龄前的犊牛，其日粮中粗饲料的主要功能仅仅是促使瘤胃发育。4~6月龄犊牛对粗饲料干物质的消化率远低于谷物，其粗饲料的适口性和品质就显得尤为重要。饲养时可选用商用犊牛生长料加优质豆科干草或豆科禾本科干草混合物，自由饮水，饲料中添加抗球虫药，并保持适当的通风条件。一般犊牛断奶后有1~2周日增重较低，且毛色缺乏光泽、消瘦、腹部明显下垂，甚至有些犊牛行动迟缓、不活泼，这是犊牛的前胃机能和微生物区系正在建立、尚未发育完善的缘故。随着犊牛料采食量的增加，上述现象很快就会消失。

2. 断奶至6月龄母犊牛的管理

犊牛断奶后，如果牛舍条件较差，很有可能成为犊牛死亡的主要

原因，这一阶段的犊牛舍要有一个干燥的牛床、充足的新鲜空气和清洁的环境，使牛感到舒适。

犊牛断奶后进行小群饲养，将年龄和体重相近的牛分为一群，每群10～15头。日粮中应含有足够的精饲料和较高比例的蛋白质，一方面满足犊牛的能量需要，另一方面也为犊牛提供瘤胃上皮组织发育所需的乙酸和丁酸。日粮一般可按1.8～2.2千克优质干草、1.8～2.0千克混合精饲料进行配制。

六、哺乳母牛的饲养管理

1. 哺乳母牛的饲养

哺乳期母牛的主要任务是泌乳，产前30天到产后70天是母牛饲养的关键100天。哺乳期的营养对泌乳（关系到犊牛的断奶重、健康、正常发育）、产后发情、配种受胎都很重要。哺乳期母牛的能量、钙、磷、蛋白质都较其他生理阶段的母牛有不同程度的增加，日产7～10千克乳的体重为500千克的母牛需进食干物质9～11千克，可消化养分5.4～6.0千克、净能71～79兆焦，日粮中粗蛋白质含量为10%～11%，并应以优质的青绿多汁饲料为主，组成多样。哺乳母牛日粮营养缺乏时，会导致犊牛生长受阻，易患下痢、肺炎、佝偻病，而且这个时段的生长阻滞在以后的营养补偿中表现不佳，同时营养缺乏还会导致母牛产后发情异常，受胎率降低。

分娩3个月后，母牛的产奶量逐渐下降，过大的采食量和精饲料的过量供给会导致母牛过肥，也会影响发情和受胎。因此，在犊牛的补饲达到一定程度后应逐渐减少母牛精饲料的喂给量，保证蛋白质及微量元素、维生素的供给，并通过加强运动、给足饮水等措施；避免产奶量急剧下降。

2. 哺乳母牛的管理

对舍饲牛，每天让其自由活动3～4小时，或驱赶1～2小时，以增强母牛体质，增进食欲，保证正常发情，预防胎衣不下、难产以及肢蹄疾病，同时有利于维生素D的合成。每年修蹄1～2次，保持肢蹄姿势正常。每天刷拭牛体1次，梳遍牛体全身，保护牛体清洁，预防传染病，并增加人畜情感。在整个哺乳期要注意母牛乳房卫生和环境卫生，防止因乳房污染引起的犊牛腹泻、母牛乳腺炎等疾病。

加强母牛疾病防治，产后注意观察母牛的乳房、食欲、反刍、粪便，发现异常情况及时治疗。做好犊牛的断奶工作，断奶前后注意观察母牛是否发情，便于适时配种。配种后2个情期还应观察母牛是否有返情现象。

3. 哺乳母牛的放牧管理

放牧期间的充足运动、阳光浴以及牧草中所含的丰富营养，可促进牛体的新陈代谢，改善繁殖机能，增强母牛和犊牛的健康。

(1) 春季放牧

① 春季要在朝阳的山坡或草地放牧，适宜的放牧时间是禾本科牧草开始拔节或生长到10厘米以上时。

② 春季开始放牧青草时，每天放牧2~3小时，逐渐增加放牧时间，最少要经过10天后才能全天放牧。

③ 放牧后适当补饲干草或秸秆（2~4千克），有条件的夜晚补足粗饲料任其自由采食。

④ 哺乳期前3个月的母牛，每天补充精饲料0.2~0.8千克，未足5周岁及瘦弱的空怀母牛，每天补充精饲料0.5~1.0千克。

(2) 夏季放牧 夏季可于离牛舍较远处放牧，为减少行走消耗的养分，可建临时牛舍，以便就地休息。炎热时，白天在阴凉处放牧，早晚于向阳处放牧，最好采用夜牧或全天放牧。

(3) 秋季放牧 秋季夜晚气温下降快，常低于牛的适宜温度，要停止夜牧，要充分利用好白天放牧，抓好秋膘。

(4) 冬季放牧 北方冬季寒冷，采食困难，应改放牧为舍饲，可充分利用青贮饲料、秸秆、干草等喂牛，精饲料要按营养需要配制，以使牛冬季不掉膘。

若冬季必须放牧时，也要在较暖的阳坡、平地、谷地放牧。要晚些出牧，早些回圈，晚间补喂一些秸秆。冬季牛长期吃不到青草，每头牛每天应喂0.5~1千克胡萝卜或0.5千克苜蓿干草，或2千克优质干草，也可按每头牛每天在日粮中加入1万~2万国际单位维生素

A（喂乳母牛增加 0.5～1 倍）。枯草和秸秆中缺乏能量和蛋白质，所以应喂含蛋白质和热能较多的草料。放牧回来不能马上补饲，待休息 3～5 小时后才能补给。

4. 放牧的注意事项

1）做好放牧前的准备工作。放牧前要对牛进行驱虫，以免将虫带入牧地。一般可用虫克星驱虫，按 100 千克体重 10 克粉拌入料中饲喂，也可用敌百虫、碘硝酚注射液等。

2）放牧地离圈舍、水源要近，最好不要超过 3 千米。安排好水源，牛每天至少饮水 2 次，天气炎热时增加。

3）夏季在放牧过程中，青草是饲料的主体，因此必须补充盐，具体方法是搭一个简单的棚子，放上食盐舔块，让牛自由舔食。由于牧草中可能出现磷的不足，因此，在给盐时最好补充一些磷酸钾或投放矿盐。若是幼嫩的草地，易出现牛采食粗纤维不足，可在牧区设置草架，补充一些稻草。

4）舍饲情况下，应以青粗饲料为主，适当搭配精饲料，粗饲料若以玉米秸为主，由于其蛋白质含量低，需搭配 1/3～1/2 优质豆科牧草，再补饲饼粕类，也可用尿素代替部分饲料蛋白，比例可占日粮的 0.5%～1%。粗饲料若以麦秸为主，除搭配豆科牧草外，另需补加混合精饲料 1 千克左右。怀孕牛禁喂棉籽饼、菜籽饼、酒糟以及冰冻的饲料，饮水温度要求不低于 10℃。

七、犊牛腹泻病的治疗措施

1. 犊牛容易腹泻的原因

犊牛腹泻是哺乳期犊牛最主要的临床疾病，约占犊牛发病率的 80%，影响到犊牛的生长发育和成年后的生产性能，给养牛业生产带来很大的经济损失。犊牛容易腹泻的原因主要有以下 4 点。

（1）犊牛特殊的消化结构 犊牛在吸吮母牛乳头或用奶嘴吸吮液体饲料时，能反射性地引起食管沟两侧的唇状肌肉收缩卷曲，使食管沟闭合成管状，形成食管沟闭合反射。在用桶、盆等食具给犊牛喂乳时，由于缺乏对口腔感受器的吮吸刺激作用，食管沟闭合不完全，往往有一部分乳汁流入瘤胃和网胃，经微生物作用发酵、产酸，造成

犊牛消化不良。

(2) 犊牛的消化功能缺失 出生最初3周的犊牛，瘤胃、网胃和瓣胃的发育极不完全，尚无任何消化功能。犊牛的皱胃占胃总容积的70%，是主要的消化器官。犊牛在出生的最初3周内以奶制品为日粮，由皱胃分泌的凝乳酶对其进行消化，而不具备以胃蛋白酶进行消化的能力。此外，初生犊牛的消化道内缺少麦芽糖酶和蔗糖酶，对淀粉和蔗糖的消化效果也很差。

(3) 犊牛的免疫系统和神经调节系统尚未发育完全 犊牛的免疫系统和神经调节系统尚未发育完全，使犊牛消化不良、抵抗力低、对环境的适应性差，极易受到病原微生物的感染而发生腹泻。犊牛不良习惯形成的胃内毛球可能是非传染性腹泻的潜在因素。

(4) 来自初乳抗体的被动转移失败导致犊牛抵抗力降低 初乳中的免疫球蛋白从母牛到新生犊牛的被动转移具有极其重要的意义，因为犊牛在5周之内不能获得主动免疫，初乳中的抗体是唯一的免疫球蛋白的来源，可保护犊牛出生后随即免受传染病的影响。有相当比例的犊牛会发生来自初乳抗体的被动转移失败。

2. 犊牛腹泻的类型

(1) 消化不良性腹泻 病初无任何症状，突然下痢，体温、脉搏、呼吸正常，腹部轻度膨胀，个别牛臌气。排出水样酸臭味粪便，粪中混有消化不全的凝乳块，粪便呈乳黄色、黄绿色或淡绿色，排便次数多。发病不久全身症状恶化，出现脱水及酸中毒症状，眼球凹陷，消瘦，皮肤缺乏弹性，可视黏膜发绀，四肢肌肉震颤，喜欢趴卧，走路不稳，耳、鼻、口、舌、四肢下部冷感，体温下降，昏睡，最后因脱水、酸中毒、心力衰竭而死亡。

(2) 细菌性腹泻 开始体温升高，可达40~42℃，精神不振，食欲废绝，反刍停止。不久出现下痢，粪便呈稀糊状，混有大量黏液、黏膜、血液与脓汁，排便量少，有轻度腹痛现象。个别牛排黄绿色混有脓汁与血液的水样便，或排棕褐色混有脓汁、血液与肠黏膜的水样便，随着发展，全身症状加剧。后期有神经症状，多数死于酸中毒与败血症。引起细菌性腹泻的主要是大肠杆菌和沙门氏杆菌。犊牛大肠杆菌病又称犊牛白痢，是犊牛的一种急性传染病，发病较急，常以急性败血症或菌血症的形式表现，特征是急剧腹泻和虚脱。此病主要发生于1~3日龄的犊牛，10日龄以内的犊牛都可发病，冬春季节发病最多，呈地方性流行。犊牛沙门氏杆菌病又称犊牛副伤寒，常发生于出生后10~40天的犊牛，若牛群有带菌母牛，犊牛可在出生后48小时发病。

（3）病毒性腹泻 引起犊牛发生腹泻的病毒主要有轮状病毒、冠状病毒、黏膜病病毒和细小病毒等，但病毒常和细菌混合感染。病毒性腹泻多发于冬季，气温越低发病率越高，轮状病毒引起的腹泻多发于1周龄以内的犊牛，冠状病毒引起的腹泻多发于2~3周龄的犊牛。病毒性腹泻以大量出血性腹泻为主要特征，在出现症状后几小时内因血容量过低而死亡，耐过的犊牛腹泻可持续2~6天。

（4）寄生虫引起的腹泻 引起犊牛腹泻的寄生虫主要有球虫、牛弓首蛔虫、绦虫、隐孢子虫等。

3. 治疗措施

犊牛腹泻病总的治疗原则是抑菌消炎、收敛止泻、补液纠酸，维护心脏功能与恢复胃肠消化功能。

（1）消化不良性腹泻的治疗 消化不良引起的腹泻主要是恢复消化功能、防止感染，使用收敛药，结合静脉注射补液。

① 胃蛋白酶5克，麦芽粉10~20克，酵母片4~6片，陈皮末5克，矽炭银10片，土霉素4~6片，苏打粉5克，加水1次内服，轻症每天1次，重症每天2次，连用2~3天。

② 静脉注射：5%糖盐水500毫升，5%碳酸氢钠20~40毫升，氢化可的松5毫升，每天1次，连用2~3天。

（2）细菌性腹泻的治疗 细菌引起的腹泻主要是抑菌消炎，促进消化功能，扩充血容量，缓解酸中毒。

① 土霉素2~3克，酵母片4片，胃蛋白酶5克，麦芽粉15克，加水一次内服，每天1次，连用2~3天。也可内服磺胺咪、链霉素、黄连素等药。

② 对脱水严重的病犊可静脉注射10%的葡萄糖溶液300毫升、

复方氯化钠500~800毫升。

（3）病毒性腹泻的治疗　对于病毒引起的腹泻，可使用提高机体免疫力的药物或抗病毒药物进行治疗，如转移因子、抗病毒注射液、抗病毒中药、干扰素等。临床常用的中草药制剂为双黄连、板蓝根、黄芪多糖注射液等。同时，控制继发感染并进行对症治疗，及时补充体液，防止脱水致死，促进早日康复。

（4）寄生虫引起的腹泻的治疗

① 球虫引起的腹泻：磺胺二甲嘧啶按每千克体重100毫克内服，每天1次，连用5~7天；胺丙林按每千克体重25毫克内服，每天1次，连用4~5天。

② 牛弓首蛔虫引起的腹泻：用左旋咪唑按每千克体重5~8毫克内服；丙硫咪唑（阿苯达唑）按每千克体重10毫克内服。

③ 绦虫引起的腹泻：丙硫咪唑按每千克体重10毫克内服；灭绦灵（氯硝柳胺）按每千克体重60毫克制成10%水溶液灌服；硫双二氯酚按每千克体重50毫克内服。

（5）口服补液盐　口服补液盐疗法对各种原因引起的腹泻、脱水都有良好的治疗效果。补液盐另外加水1升溶解，可用自来水、凉开水，但不可用开水，否则硫酸氢钠会水解影响治疗疗效，并应现用现配。轻度脱水者按每千克体重50毫升、中度脱水者按每千克体重80~100毫升、重度脱水者按每千克体重130~150毫升补给。补液量较大时可分2~3次补给。

（6）中兽医辨证施治　中兽医学认为，腹泻分"寒泻""热泻"两种。寒泻是寒伤脾经、胃火衰肠、水谷不能消化致使胃肠清浊不分而下泻的一种疾病，又称冷泻，亦称脾虚腹泻症。治疗原则是温中散寒，利水止泻。热泻是湿热停积胃肠而发生的泄泻之症，亦称湿热泻痢症。治疗原则是清热燥湿，利水止泻。

应用中草药制剂治疗本病，中药无残留，不产生耐药性，疗效显著，在犊牛腹泻的治疗上显现着独特的优势。目前在继承传统医学的基础上，我国兽医临床工作者已经开发出不少成熟的中药验方，可参考使用。

(7) 分不清哪种类型腹泻的治疗

① 氟派酸（诺氟沙星，1 粒含 100 毫克），适于初生至 60 日龄犊牛。每次给 10 粒，再加入鞣酸蛋白 30 克，一次灌服，每天 2 次，重者 3 次，配合肌内注射庆大霉素 40 万单位。

② 泻痢停片，每天 2 次，1 次 3 片。初期 1～2 次即可，中期 3～4 次，后期配合输液。

③ 磺胺咪 5～6 克，苏打粉 5～6 克，乳酶生 3～4 克，一次内服，每天 2～3 次，连用 3～5 天。

④ 新霉素或链霉素 1.5～3 克，苏打粉 3～6 克，每天 2 次内服，连用 3～5 天。

⑤ 下痢带血者肌内注射氯霉素 10 毫升，每天 2 次；维生素 K 4～5 毫升肌内注射，每天 2 次。

⑥ 对体温升高及脱水犊牛，青霉素 160 万单位，链霉素 200 万单位，一次肌内注射，每天 2 次，连用 3～5 天；5% 糖盐水 1500 毫升，25% 葡萄糖 250 毫升，四环素 100 万单位，20% 安钠咖 5 毫升，5% 碳酸氢钠 250 毫升，一次静脉注射。

第三节 做好育成母牛的饲养管理

一、育成母牛的选择

1. 按系谱选择

按系谱选择主要考虑父亲、母亲及外祖父的育种值，特别是产肉性状的选择（父母的生长发育、日增重等性状指标）。系谱齐全，需要有以下内容。

1）牛号、品种（杂交组合）、来源、出生地、出生日期、初生重。

2）外貌及评分。

3）体尺、体重与配种记录。

4）血统。

5）防疫记录。

2. 按生长发育选择

按生长发育选择主要以体尺、体重为依据，包括初生、6月龄、12月龄和初次配种的体尺和体重。

3. 按体型外貌选择

按体型外貌选择主要根据不同月龄培育标准进行外貌鉴定，如肉用特征、日增重、肢蹄强弱、后躯肌肉是否丰满等特性，及时淘汰不符合标准的个体。

二、育成母牛的饲养

1. 育成牛的营养需要特点

对育成母牛进行合理的饲养，首先必须了解其在生长过程中体内养分沉积的变化规律。研究表明，育成母牛体重的增加并未引起蛋白质和灰分在比例上的改变，而体脂肪的增加却是明显的。也就是说，伴随生长，热能的需要量比蛋白质的需要量相对增加，这就需要在饲料中增加能量饲料的比例。育成母牛骨骼的发育非常显著，在骨质中含有75%~80%的干物质，其中钙的含量占8%以上，磷占4%，其他有镁、钠、钾、氯、氟、硫等元素。钙、磷在牛奶中的含量是适宜的，而在断奶后，则需要从饲料中摄取。因此，在饲喂的精饲料中需要添加1%~3%的碳酸钙与磷酸氢钙的等量混合物，同时添加1%的食盐。在育成牛生长过程中，一般只有维生素A、维生素D和维生素E需要在饲料中添加，因为除哺乳犊牛外，牛瘤胃内微生物可以合成B族维生素（维生素B_1、维生素B_2、维生素B_6、维生素B_{12}、泛酸和生物素）和维生素K，肝脏和肾脏也可以合成维生素。

作为繁殖用的后备母牛培育的好坏，直接影响其一生的生产性能，对肉牛业的发展至关重要。饲养上应采取自由采食方式，日粮中应供给充足的蛋白质、矿物质和维生素，育成母牛的日粮应以青粗饲料为主，适当补喂精饲料。

2. 育成母牛的生长发育特点

育成阶段是母牛生长发育最快的时期，消化器官中瘤胃的发育迅速，随着年龄的增长，瘤胃功能日趋完善，12月龄左右接近成年牛水平。育成期是母牛的骨骼、肌肉发育最快时期，体形变大，性器官和第二性征发育很快，体躯向高度和长度方面急剧增长。这个时期饲养管理得好，育成母牛在16～18月龄可基本接近成年牛的体高。这个阶段也往往是最容易被人们忽视的阶段。该阶段应该把四肢、体躯骨骼的发育作为重点培育目标，一头育成母牛发育得好与坏，不绝对在于体重的大小，而应综合考察其体型和外貌。此外，育成母牛的性成熟与体重关系极大。一般育成母牛体重达到成年母牛体重的40%～50%时进入性成熟期，体重达到成年母牛体重的60%～70%时可以进行配种。当育成母牛生长缓慢时（日增重不足350克），性成熟会延迟至18～20月龄，影响投产时间，造成不必要的经济损失。肉用育成母牛的生长发育特点主要表现在以下3个方面。

(1) 瘤胃发育迅速 7～12月龄时瘤胃容积大增，利用青粗饲料的能力明显提高，12月龄左右接近成年牛水平。在12～18月龄，育成母牛消化器官容积进一步增大。此时应训练育成母牛大量采食青粗饲料，以促进消化器官和体格发育，为成年后能采食大量青粗饲料创造条件。日粮应以粗饲料和多汁饲料为主，其重量约占日粮总量的75%，其余的25%为混合精饲料，以补充能量和蛋白质的不足。为此，青粗饲料的比例要占日粮的85%～90%，精饲料的日喂量保持在1.5～2.0千克。

(2) 生长发育快 7～8月龄以骨骼发育为中心，7～12月龄期间是体长增长最快的阶段，体躯向高度和长度方面急剧生长，以后体躯转向宽深发展。一头培育好的母牛，骨骼、体高、四肢长度及肌肉的丰满程度等生长发育水平至少要在中等标准以上，外形舒展大方，肥瘦适宜，七八成膘。该时期如果饲养管理不当而发生营养不良，则会导致育成母牛生长发育受阻，体躯瘦小，发育不良，初配年龄滞后，很容易产生难配不孕牛，影响其一生的繁殖性能，即使在后期进行补饲也很难达到理想体况。因此，该时期牛的膘情相当重要。该时期最忌肥胖，脂肪沉积过多会造成繁殖障碍，还会影响乳腺的发育，宁稍瘦而勿肥，特别是在配种前，应保证其有充分的运动，膘情适度，这样才有利于其生产性能的发挥。

(3) 生殖机能变化大 在6～12月龄期间，牛的性器官和第二

性征发育很快。6~9月龄时，卵巢上出现成熟卵泡，开始发情排卵。由于母牛周期性发情，卵巢分泌的卵泡素能促进乳导管分支、伸长和乳腺泡的形成。如果母牛过肥，乳房内有大量脂肪沉积，会阻碍乳腺泡发育而影响产后泌乳。一般在18~20月龄，体重为成年体重的70%时可配种。

3. 育成母牛的饲养方式

育成母牛的饲养方式有小群饲养、大群饲养和放牧饲养。对于规模化母牛繁育场，犊牛满6月龄后转入育成牛舍时，应分群饲养，应尽量把年龄、体重相近的牛分在一起，同小群内体重的差别应在70~90千克，生产中一般按7~9月龄、10~14月龄、15月龄至配种前进行分群。

（1）放牧饲养 我国母牛大多分散在农户，以放牧饲养为主。一般情况下，单靠放牧期间采食青、干草很难满足长期发育需要，应根据草场资源情况适当地补饲一部分精饲料。一般每天每头补饲0.5~1千克，能量饲料以玉米为主，一般占70%~75%，蛋白质饲料以饼粕类为主，一般占25%~30%，还可准备一些粗饲料如玉米秸、稻草等铡短令其自由采食。精粗饲料的补给与否以及量的多少，应视草场和牛只生长发育的具体情况而定，发育好则可减少或停止饲料补给，发育差则可适当增加饲料补给。夏季应避开酷热的中午，增加早、晚放牧时间，以利于牛采食和休息。

放牧需要行走，牛蹄不好易造成疲劳，应注意观察，适时修蹄。放牧牛易被体内外寄生虫侵害，应注意观察牛的粪便、被毛、眼睑等的变化，并定期驱虫。应备有食盐让牛自由舔食。牛放牧归家后最好拴系，补饲过程中每牛占一槽，以防牛斗架争食，导致强牛肥胖、弱牛瘦小。

（2）舍饲 在没有放牧条件时或大中型牛场多采用舍饲。精饲料主要以玉米、糠麸、饼粕类为主，粗饲料主要为优质干草、麦秸、玉米秸、稻草、青贮饲料等，辅以维生素A、维生素D、维生素E、微量元素、磷酸氢钙和食盐等配成全价饲料。一般情况下精饲料占15%~20%（能量饲料占70%，蛋白饲料占30%），粗饲料占80%~

85%。每天牛采食量为每100千克体重干物质1.8~2.5千克。断乳至19月龄，日增重以控制在0.4~0.8千克为宜。根据牛只生长发育情况，灵活地调整饲料供给量，18~20月龄时体重以达到成年母牛体重的75%~80%为佳。

4. 育成母牛饲养

育成母牛的瘤胃机能已相当完善，可让育成母牛自由采食优质粗饲料，如牧草、干草、青贮饲料等。整株玉米的青贮饲料由于含有较高能量，要限量饲喂，以防过量采食导致肥胖。精饲料一般根据粗饲料的质量进行酌情补充。若为优质粗饲料，精饲料的喂量每天每头仅需0.5~1.5千克；如果粗饲料质量一般，精饲料的喂量则每天每头需1.5~2.5千克，并根据粗饲料质量确定精饲料的蛋白质和能量含量，使育成母牛的平均日增重达700~800克，16~18月龄体重达360~380千克。由于此阶段育成母牛生长迅速，抵抗力强，发病率低，容易管理，在生产实践中，有时往往忽视这个时期育成母牛的饲养，导致育成母牛生长发育受阻，体躯狭浅，四肢细高，延迟发情和配种，导致成年时泌乳遗传潜力得不到充分发挥，给以后犊牛哺乳造成困难。育成母牛在不同的年龄阶段，其生长发育特点和消化能力都有所不同。因此，在饲养方法也应有所区别。根据育成母牛的发育特点和营养需要等情况可分两个饲养阶段。

（1）第一阶段（6~12月龄） 此阶段是育成母牛达到生理上最高生长速度的时期，是性成熟前性器官和第二性征发育最快的时期。身体的高度和长度急剧增长，前胃发育较快，瘤胃功能成熟，容积扩大1倍。在良好的饲养条件下，日增重较高，尤其是6~9月龄最为明显。经过犊牛期采食植物性饲料的锻炼，瘤胃虽然已具有了相当的容积和消化青粗饲料的能力，但由于在犊牛刚断乳时，瘤胃容积有限，不能保证采食足够的青粗饲料（如优质青草、干草、多汁饲料）来满足其生长发育的需要，消化器官本身也处于快速的生长发育阶段，因此需继续锻炼。为了兼顾此阶段育成母牛生长发育的营养需要并进一步促进消化器官生长发育，所喂给的饲料，除了优良的青粗饲料外，还必须适当补充一些精饲料。粗饲料的干物质中应该至少有一

半来自青干草，精饲料的质量和需要量取决于粗饲料的质量。一般日粮中干物质的75%来源于优良的牧草、青干草、青贮饲料和多汁饲料，还必须补充25%的混合精饲料。因此在12月龄以内仍然需要饲喂适量的精饲料，才能保证一定的日增重。每100千克体重，需要的饲喂量为：青贮料5~6千克、干草1.5~2.0千克、秸秆1.0~2.0千克、精饲料1.0~1.5千克。从9~10月龄开始，可掺喂一些秸秆和谷糠类粗饲料，其比例占粗饲料总量的30%~40%。此阶段可采用的日粮配方为混合料2~2.5千克、秸秆3~4千克（或青干草0.5~2千克，玉米青贮5~10千克）。

（2）第二阶段（13~18月龄） 此阶段育成母牛消化器官容积增大，已接近成熟，消化能力增强，生殖器官和卵巢的内分泌功能更趋健全，若正常发育，在16~18月龄时体重可达到成年母牛体重的70%~75%，生长强度渐渐进入递减阶段，无妊娠负担，更无产乳负担，此时应尽可能饲喂青饲料和粗饲料，降低饲养成本。为使育成母牛消化器官继续增大，需要进一步刺激其生长发育，日粮应以粗饲料和多汁饲料为主，其比例约占日粮总量的75%，其余25%为配合饲料，以补充能量和蛋白质的不足。如果粗饲料质量差则需要适当补喂精饲料，一般每天可补2~3千克精饲料，同时补充钙、磷、食盐和必要的微量元素。对于有放牧条件的，夏季以放牧为主，冬季要补饲，让牛自由采食干草和秸秆青贮饲料。

【注意】

　　育成母牛在其12月龄以后应适当降低营养浓度，以防母牛过肥。如果母牛过肥，乳房内有大量脂肪沉积，会阻碍乳腺泡发育而影响产后泌乳。

三、育成母牛的管理

1. 育成母牛的日常管理

育成母牛的管理目的是培育优良的肉用母牛品种，为今后的繁殖打下基础，提高母牛养殖的效益。决定母牛配种时间的是体重和体高，而不是年龄。育成母牛一般需达到成年母牛体重的70%左右才可配种，即地方良种母牛一般在15～19月龄、体重280千克以上配种；肉用杂交母牛一般在16～19月龄、体重350千克以上配种。

(1) 做好发育记录和发情记录　从发育记录上不仅可以了解母牛的生长发育情况，还可以了解饲料供给量是否合适，以检查饲养情况，及时调整日粮。发育记录一般从断乳开始，每月测量1次，内容包括体高、胸围、体斜长和体重。体重可用下述公式推测：

$$体重（千克）= 胸围^2（厘米）\times 体斜长（厘米）\div 10800$$

另外要做好母牛的发情、防疫检疫的记录工作。当母牛发育到接近配种时期时，注意观察育成母牛的发情日期，做好记录，确定预配种日期，以免错过配种时机。

(2) 严禁公、母牛混群，进行合理分群　在管理上应首先将公、母牛分开，既可以舍饲，也可以放牧，还可以采用放牧加舍饲的方式；既可以白天放牧，晚上舍饲，也可以春末、秋初放牧，冬季舍饲；既可以拴系饲养，也可散养。育成公、母牛合群饲养的时间以6个月为限，以后应分群饲养，因为公、母牛生长发育和营养需要是不同的。公、母牛混养对育成母牛是非常有害的。一般情况下，公牛9月龄即性成熟，13～15月龄就有配种能力，母牛12～13月龄即有受孕能力，如果公、母牛混群，造成早配，会影响育成母牛的生长发育，以致影响其一生的生产性能。如果是改良牛群，杂合子公牛偷配，会导致后代生产性能低下，影响牛群的遗传结构。

(3) 制订生长计划　根据育成母牛不同的品种、年龄、生长发育特点和饲草、饲料供给情况，确定不同月龄的日增重量，以便有计划地安排生产。

为了给后备母牛制订一个有效的生长发育计划，首先要根据后备母牛的平均断乳重制订饲养计划。比如，安格斯牛、海福特牛、短角牛及这些品种的杂交后备牛体重达214.59～242.58千克时进入初情期；大型品种牛及外来品种，如夏洛来牛、利木赞牛等的杂交后备母牛则需体重达251.91～280.9千克时才进入初情期。利用平均断乳重计算出该品种达到配种时体重所需的平均日增重，从而制订相应的生长计划。

(4) 穿鼻环　如需要或为便于管理，育成母牛可在 8~10 月龄穿鼻环，第一次戴的鼻环宜小，以后随年龄的增长更换较大的鼻环。

(5) 保证充足的运动和光照　为使育成母牛有健康的体况，适当运动和光照是非常重要的，有利于血液循环和新陈代谢，使牛有饥饿感，食欲旺盛，肋骨开张良好，肢蹄坚硬，整体发育良好，增强对疾病的抵抗力，同时也有利于生殖器官的发育。充足的光照是牛生长发育不可缺少的条件，太阳光中的紫外线不仅能合成牛体内所需的维生素 D，还能刺激丘脑下部的神经分泌性激素，使之保持正常的繁殖性能。如果以放牧为主，可以保证有充足的运动和光照。如果以舍饲为主，则需有运动场来保证其运动和光照。舍饲时，平均每头牛占用运动场面积应达 10~15 米^2，每天要有 2~3 小时的运动量，使牛充分运动，以利于健康发育。散放饲养时，可使牛自由采食粗饲料，补料时拴系，保证每头牛采食均匀，从而保证其采食量和生长发育的均匀性。

(6) 掌握好发情和配种　在正常饲养条件下，肉用后备母牛在 12 月龄前后开始第 1 次发情。母牛开始发情只能证明其性成熟，并不代表体成熟，过早地配种会影响其终生的生产性能。观察发情是否正常，对母牛的正常配种有重要的生理意义。有些后备母牛从性成熟开始，发情周期很正常，但要配种时又不发情，这多数是因为卵巢内持久黄体所造成的，如不及时治疗，就会一直不发情而影响配种。还有个别牛发情、配种时症状不明显，因此对牛的生理状态必须仔细观察，以免影响配种。

对初情期的掌握很重要，要在计划配种的前 3 个月注意观察其发情规律，做好记录。在正常情况下，母牛到 16~18 月龄、体重达成年体重的 70% 时，开始初配。

(7) 刷拭与修蹄　牛有喜卧的特性，保持牛体的卫生是很难的，尤其是在冬季舍饲、饲养数量较多的情况下，更难保证牛体清洁，很容易由于皮肤沾有粪便和尘土形成皮垢而影响发育。因此，刷拭就成为牛饲养管理过程中很重要的环节，经常刷拭有利于牛体表血液循环，预防皮肤病。刷拭时可先用金属挠子将大的污物去掉，然后用刷子或扫帚反复刷拭，形成皮垢的，可用水把皮垢浸湿软化以后用铁篦子刮掉。在不易刷拭的条件下，可尽量创造好的环境，使牛健康成长。刷拭时以软毛刷为主，必要时辅以铁篦子，用力宜轻，以免刮伤皮肤，每天最好刷拭牛体1～2次，每次5分钟。

放牧为主时，为使牛充分自主运动，可在6～7月龄、9～10月龄和14～15月龄将磨损不整的牛蹄进行修整；舍饲为主时，每6个月修蹄1次。

（8）日常卫生管理 注意充足饮水、保持牛舍环境卫生及防寒、防暑也是育成母牛饲养中必不可少的管理工作。

放牧时每天应让牛饮水2～3次，饮水地点距放牧地点要近些，最好不要超过5千米。水质要符合卫生标准。

冬季寒冷地区（气温低于-13℃）做好防寒工作，夏季炎热地区做好防暑工作。

（9）后备母牛的选留 从现有犊牛群中选择后备母牛是更新繁殖母牛的常用办法。首先选择繁殖率高（易发情配种）的母牛所产的犊牛。繁殖配种记录可用于鉴定母牛的繁殖力。如果没有记录，在断乳时选择发育良好的母犊牛留作繁殖后备母牛。同时要注意母本的负性状，绝不能选择难产、流产、乳房不健全、其他组织缺陷或不健康的经产母牛所产的母犊牛。

2. 繁殖母牛养殖场育成母牛的管理

（1）确定后备母牛的选留数量 首先估计保持2年内固定母牛数所必需的后备母牛数，包括死亡损失数、空怀母牛数以及成年母牛的淘汰数。对那些不再适合做种用的后备母牛应在配种前确定淘汰，淘汰的后备母牛育肥留作肉用。

（2）分群 按年龄、性别、体重分群，每40～50头为一群，每群牛的月龄差异在1.5～2.0个月，体重差异在25～30千克。为防止牛因采食不均而发育不整齐，要随时注意牛的膘情变化，根据牛的体况及时进行调整，采食不足和体弱的牛向较小的年龄群转移；反之，过强的牛向大的年龄群转移，12月龄后逐渐稳定下来。

（3）制订生长计划 根据不同品种、年龄的生长发育特点和饲

草、饲料的储备状况,确定不同日龄的日增重。

(4)转群 根据年龄、发育情况,结合本场实际,按时转群。同时进行体重和体尺测量(彩图29),对于达不到正常生长发育要求的牛,淘汰留作肉用。

(5)加强运动 在舍饲条件下,每天至少要驱赶4小时左右。

(6)刷拭 为了保持牛体清洁、促进皮肤代谢和养成温驯的习性,每天刷拭1~2次,每次约5分钟。

(7)按摩乳房 从开始配种起,每天上槽后用热毛巾按摩乳房1~2分钟,促进乳房的生长发育。按摩至牛乳房开始出现妊娠性生理水肿为止,到产前1~2个月停止按摩。

(8)初配 在17~19月龄根据生长发育情况决定是否参加配种。配种前1个月应注意观察育成母牛的发情日期,以便在以后的1~2个发情期内进行配种。

(9)防寒、防暑 冬季寒冷地区(气温低于-13℃)做好防寒工作,夏季炎热地区做好防暑工作。持续高温时胎儿的生长受到抑制,配种后如果32℃高温持续72小时则牛无法妊娠,其主要原因是子宫内部温度升高影响胚胎的生存,并影响育成母牛的初情期。如在26℃环境温度条件下,育成母牛的初情期可延迟5个月以上,气温上升则发情周期延长,繁殖效率大幅度下降。

四、青年母牛的饲养管理

1. 青年母牛的营养供给特点和培育目标

青年母牛指怀孕后到产犊前的头胎母牛,也叫青年初孕牛。青年母牛在怀孕初期,其营养需要与配种前差异不大。怀孕青年母牛(19~27月龄)应注重营养以促进胎儿的生长发育,并保持一定的体膘。由于这一阶段母牛的瘤胃容积逐渐增大,产生更多的微生物蛋白质,因此母牛不需要优质的蛋白质,精饲料的多少取决于粗饲料的质量,如粗料质量较差时应补充0.25~0.5千克豆饼加上适量的矿补剂。怀孕的最后4个月,营养需要较前阶段有较大差异,精饲料每头每天为2.3千克,粗饲料如青贮饲料饲喂量为每头每天10~12千克,干草为每头每天2.5~3.0千克。这个阶段的母牛,饲喂量一般不可过量，否则会使母牛过分肥胖，从而导致以后难产或出现其他病症。在分娩前 30 天，青年怀孕母牛可在饲养标准的基础上适当增加饲喂量，但谷物的饲喂量不得超过青年怀孕母牛体重的 0.5%，此时日粮中还应增加维生素、钙、磷等矿物质。

在妊娠前 180 天胎儿对母体的营养压力非常小，妊娠末 3 个月是胎儿生长发育最快的时期，这一时期胎儿的日增重为 0.27 千克，这时的青年母牛最小日增重达到 0.38 千克才能保证胎儿及母体本身正常生长发育，使青年母牛顺利产犊，保证较高泌乳量及产后下一次配种时具有良好的体况。

小母牛妊娠之后，促黄体激素与促卵泡素一起发挥作用促进乳腺泡发育，为哺乳做准备。青年怀孕母牛应保持中等体况，如果母牛过肥，乳房内有大量脂肪沉积，会阻碍乳腺泡发育而影响产后泌乳，造成犊牛缺乳而发育受阻。

2. 青年母牛的饲养

母牛已配种受胎，生长缓慢下来，体躯向宽深发展。在良好的饲养条件下，体内容易蓄积大量脂肪。为了节省开支，应充分利用粗饲料及放牧草地。在此期间，应以优质干草、青草、青贮饲料作为基本饲料，精饲料可以少喂甚至不喂。但是到妊娠后期，由于体内胎儿生长迅速，则须补充精饲料，日喂量为 2~3 千克，按干物质计算，粗饲料占 70%~75%，精饲料占 25%~30%。如果有放牧条件，则应以放牧为主，在良好的放牧地上放牧，精饲料可减少 30%~50%，放牧回来后，如果牛未吃饱，仍应补喂一些干草或青绿多汁饲料。

3. 青年母牛的管理

重点做好妊娠检查、保胎保膘、产前准备等。依据膘情适当控制精饲料给量防止过肥，产前 21 天控制食盐喂量。观察乳腺发育，减少牛只调动，保持圈舍和产房干燥、清洁，严格消毒程序。注意观察牛只临产症状，做好分娩准备和助产工作，以自然分娩为主，掌握适时、适度的助产方法。

初次怀胎的母牛，未必像经产母牛那样温顺，因此管理上必须非常耐心，并经常进行刷拭、按摩等与之接触，使之养成温顺的习性，使其适应产后管理。

① 加大运动量，以防止难产。

② 防止驱赶、跑、跳运动，防止相互顶撞和在湿滑的路面行走，以免造成机械性流产。

③ 防止饲喂发霉变质或冰冻饲料，避免饮冰冻的水，避免长时间淋雨。

④ 加强对青年母牛的护理与调教。

⑤ 定时按摩乳房。产前1个月停止按摩。在进行乳房按摩时，切勿摩拭乳头，以免擦去乳头周围的蜡状物，引起乳头龟裂或因擦掉"乳头塞"而使病菌从乳头孔侵入，导致乳腺炎和产后瞎乳头。

⑥ 保持牛舍、运动场卫生，供给充足饮水。环境应干燥、清洁，注意防暑降温和防寒保暖。

⑦ 计算好预产期，产前2周转入产房，以尽早适应环境，减少应激，顺利分娩。

第四节　做好母牛发情鉴定与配种

一、发情鉴定

1. 观察法

（1）看神情　母牛发情时，由于性腺内分泌的刺激，生殖器官及身体会发生一系列有规律的变化，出现许多行为变化，根据这些变化即可判断母牛的发情进程。母牛发情时精神兴奋不安，不喜躺卧；散放时，时常游走，哞叫，抬尾，眼神和听觉锐利，对公牛的叫声尤为敏感，食欲减退，排便次数增多；拴系时，兴奋不安，在系留桩周围转动，企图挣脱，弓背吼叫或举头张望。

（2）看爬跨　在散放牛群中，发情牛常爬跨其他母牛或接受其他牛的爬跨（彩图30）。开始发情时，对其他牛的爬跨往往不太接受。随着发情的进展，有较多的母牛跟随，嗅闻其外阴部，发情牛由不接受其他牛的爬跨转为开始接受，以至于静立接受爬跨，或强烈地爬跨其他牛只，并做交配的抽动姿势。发情高潮过后，发情母牛对其他母牛的爬跨开始感到厌倦,不大愿意接受,发情的精神状态结束时,拒绝爬跨。

(3) 看外阴 牛开始发情时,阴门稍出现肿胀,表皮的细小皱纹消失(展平),随着发情的进展,进一步表现肿胀、潮红,原有的大皱纹也消失(展平),发情高潮过后,阴门肿胀及潮红现象表现退行性变化。发情的精神表现结束后,外阴部的红肿现象仍未消失,至排卵后才恢复正常。

(4) 看黏液 牛发情时从阴门排出的黏液量多且呈粗线状,是其他家畜所不及的。在发情过程中,黏液的变化有明显特点:开始时量少,稀薄、透明,继而量多、黏性强,潴留在阴道的子宫颈口周围;发情旺盛时,排出的黏液牵缕性强,粗如拇指,发情高潮过后,流出的透明黏液中混有乳白色丝状物,黏性减退,牵拉之后成丝;随着发情将近结束,黏液变为半透明状,其中混有不均匀的乳白色黏液,最后黏液变为乳白色,好像炼乳一样,量少。

有经验的配种员认为,发情母牛躺卧时,阴道的角度呈前高后低状,潴留在阴道里的黏液容易排出积在地面上,发现这一现象,即可判定该牛发情,再结合上述3方面,可以综合判定发情的程度。此处,配种员常以鞋掌的前部踩住排在地面上的黏液,脚跟着地,脚尖跷起,如果黏液拉不起丝,即配种时间尚早,如能拉起丝即为配种适宜期。阴道流出的黏液由稀薄透明转为黏稠混浊且黏度增大,用食指与拇指夹住黏液并牵拉7~8次不断时,适宜输精。

2. 直肠检查法

一般正常发情的母牛其外部表现比较明显,用外部观察法就可判断牛是否发情和发情的阶段。直肠检查法则是更为直接地检查卵泡的发育情况,判定适配时机,在生产实践中被广泛采用。具体方法是把手臂伸入母牛直肠内,隔着直肠壁触摸卵巢上卵泡发育的情况。母牛在发情时,可以触摸到突出于卵巢表面并有波动的卵泡。排卵后,卵泡壁呈一个小凹陷。在黄体形成后,可以摸到稍突出于卵巢表面、质地较硬的黄体。

牛发情时,卵泡形状圆而光滑,发育最大的直径为1.8~2.2厘米。实际上，卵泡大部分埋于卵巢中，它的直径比所接触的要大。在排卵前6~12小时，由于卵泡液的增加，卵巢的体积也有所增大。卵泡破裂前，质地柔软，波动明显；排卵后，原卵泡处有不光滑的小凹陷，以后形成黄体。

3. 阴道检查法

阴道检查法是用开膣器打开阴道，检查阴道黏膜、子宫颈口的变化情况，判断母牛是否发情及发情程度。发情母牛阴道黏膜充血潮红，表面光滑湿润，子宫颈外口充血、松弛、柔软开张，并流出黏液。不发情母牛阴道苍白、干燥，子宫颈口紧闭。

根据现场条件，利用绳索、三角绊或六柱栏保定母牛，尾巴用绳子拴向一侧。外阴部先用清水洗净后，再用1%煤酚皂或0.1%新洁尔灭溶液进行消毒，最后用消毒纱布或酒精棉球擦干。开膣器清洗擦干后，先用75%的酒精棉球消毒其内外面，然后用火焰烧灼消毒，涂上灭菌过的润滑剂。用左手拇指和食指（或中指）将阴唇分开，以右手持开膣器把柄，使闭合的开膣器和阴门相适应，斜向前上方插入阴门。当开膣器的前1/3进入阴门后，即改成水平方向插入阴道，同时向下旋转打开开膣器，使其把柄向下，通过反光镜或手电筒光线检查阴道变化。应特别注意阴道黏膜的色泽及湿润程度，子宫颈部的颜色及形状，黏液的量、黏度和气味，以及子宫颈管是否开张和开张程度。检查完后稍微合拢开膣器，抽出。注意消毒要严格，操作要仔细，防止粗暴。

4. 试情法

此方法尤其适用于群牧的繁殖母牛，可以节省人力，提高发情鉴定效率。试情法有以下3种。第一种是将结扎输精管的公牛放入母牛群中，日间放在群牛中试情，夜间公母分开，根据公牛追逐爬跨情况以及母牛接受爬跨的程度来判断母牛的发情情况。第二种是让试情公牛接近母牛，如母牛喜靠公牛，并做弯腰弓背姿势，表示可能发情。第三种方法是标记法，给试情公牛的前胸或下颚安装带颜料的标记装置，将其放入母牛群中，凡经爬跨过的发情母牛，都可在背或尻部留下标记。应用同样的原理，在现代化程度较高或胚胎移植受体牛的牛群，采用给母牛尻部安装按压式感应器的方法，使每头接受过爬跨的母牛的信息（牛号、爬跨时间）都传入管理控制中心的电脑中，使配种工作人员根据电脑信息掌握准确的母牛发情状况。

5. 常见的异常发情

母牛发情受许多因素影响，如营养、管理、激素调节、疾病等，当某些因素造成发情超出了正常规律，就会出现异常发情。常见的异常发情有以下几种。

（1）隐性发情 隐性发情又称暗发情或安静发情。这种发情表现为性兴奋缺乏，性欲不明显或发情持续时间短，但卵巢上卵泡能发育成熟而排卵，多见于产后母牛、高产母牛和年老体弱母牛。主要是由于生殖激素分泌不足、营养不良或泌乳量高引起的机体过分消耗造成。此外，寒冷冬季或雨季长，舍饲的母牛缺乏运动和光照，都会增加隐性发情的比例。

（2）假发情 母牛只有外部发情表现，而无卵泡发育和排卵。假发情有两种：一种是母牛在怀孕3个月以后，出现爬跨其他牛和接受其他牛的爬跨的情况，而在阴道检查时发现子宫颈口不开张，无充血和松弛表现，阴道黏膜苍白干燥，无发情分泌物。直肠检查时能摸到子宫增大和有胎儿等特征，有人把它称为"妊娠过半"或"胎喜"，其原因是妊娠黄体分泌孕酮不足，而胎盘或卵巢上较大卵泡分泌的雌激素过多。另一种是患有卵巢机能失调或子宫内膜炎的母牛也常出现假发情，其特点是卵巢内没有卵泡发育生长，或有卵泡生长也不可能成熟排卵。因此，假发情母牛不能进行配种，否则，会造成妊娠母牛流产。

（3）持续发情 正常母牛发情时间很短，而有的母牛发情持续时间特别长，2~3天发情不止。主要是由于卵泡发育不规律、生殖激素分泌紊乱造成的。持续发情多表现以下两种情况。

① 卵泡囊肿：这种母牛虽有明显的发情表现，卵巢也有卵泡发育，但卵泡迟迟不成熟、不排卵，而且继续增生、肿大使母牛持续发情。

② 卵泡交替发育：一侧卵泡开始发育，产生的雌激素促使母牛

发情,同时在另一侧卵巢又有卵泡开始发育,前一卵泡发育中断,后一卵泡继续发育,由于前后两个卵泡交替产生雌激素,使母牛延续发情。

(4) 不发情 不发情即母牛无发情的表现,也不排卵,这种现象多发生于寒冷季节,营养不良、患卵巢或子宫疾病的母牛和产奶量高又处在泌乳高峰期的母牛易发生。不发情是由于卵巢萎缩、持久黄体或卵巢处于静止状态等原因所致。

二、选择合理的配种方式

牛的配种方式有自然交配、人工辅助交配和人工授精。自然交配是牛群自然繁殖后代的本能,目前在交通不便、牛群数量不大、人工授精技术和设备不完善的地区,牛的繁殖采用自然交配。为了提高肉用种牛的受胎率,可采用本交(包括自然交配和人工辅助交配)方式配种。

1. 自然交配

在自然条件下,公、母牛混合放牧,为了保证受孕,公、母牛比例一般为1:(20~30)。公牛要有选择,不适于种用的应去势。小牛、母牛要分开,防止早配。要注意公、母牛的血缘关系,防止近交衰退现象。

2. 人工辅助交配

待母牛发情时,将母牛牵到配种架里固定,再牵来公牛进行交配。每头公牛每天只允许配1~2头母牛。连续4~5天后,休息1~2天。青年公牛配种量减半。不能与有病牛配种。配种前母牛先排尿,配种后捏一下背腰,立即驱赶运动。

3. 人工授精

人工授精是用人工方法采集公牛的精液,经一系列的检查处理后,再注入发情母牛的生殖道内使其受胎的过程。人工授精具有如下优点:一是极大地提高优良种公牛的利用率;二是节约大量购买种公牛的资金,减少饲养管理费用,提高养牛效益;三是克服个别母牛生殖器官异常而本交无法受胎的缺点;四是防止母牛生殖器官疾病和接触性传染病的传播;五是有利于选种选配;六是利于优良品种的推广,迅速改变养牛业低产的面貌。

三、选种选配

选配即有预见性地安排公、母牛的交配,以期达到后代将双亲优良性状结合在一起,培育出优秀种牛的目的。也就是在选种的基础上,向着一定的育种目标,按照一定的繁育方法,根据公、母牛自身品质、体质外貌、生长发育、生产性能、年龄、血统和后裔表型等进行通盘考虑,选择最合理的交配方案,最终获得更为优秀的后裔牛群。肉牛的选配方式,应在有关肉牛遗传育种专家的指导下,通过建立母牛育种群及商品群,根据市场需求和公司育种规划进行繁育。

1. 种公牛(精液)的选择

首先是审查系谱,其次是审查该公牛外貌表现及发育情况,最后还要根据种公牛的后裔测定成绩,以断定其遗传性能是否稳定。选配时公牛冷冻精液选择工作应注意如下几点。

1)每个区域或每个育种群必须定期地制定出符合生产目标的选配计划,其中要特别注意防止近交衰退。

2)在调查分析的基础上,针对每头母牛本身的特点选择出优秀的与之交配的公牛。

3)每次选配后的效果应及时分析总结,不断提高选配工作的效果。

2. 公、母牛的选配

进行二元杂交时,配种的良种母牛一般选用本地母牛。进行三元杂交或终端杂交时,则选用杂交一代或二代的母牛。产后的母牛应在50~90天后配种。选作配种用的本地育成母牛应当满18月龄,体重应达到300千克,杂交母牛体重应达到350千克。配种前应对母牛进行检查,记录母牛的特征、体尺、体重、发情、输精、产犊等信息,建立良种母牛档案。

为小型母牛选择种公牛组织选配时,公牛品种体重不宜太大,以防发生难产,尤其是放牧饲养和农户饲养模式。大型品种公牛与中小型品种母牛杂交时,不用初配母牛,而选择经产母牛,以降低难产率。防止改良品种公牛中同一头牛的冷冻精液在一个地区使用过久,防止盲目近交。

四、按照操作程序进行人工授精

母牛发情后,及时进行发情鉴定。如果母牛正常发情,要尽快进行人工授精,以保证母牛在最佳时机配种受孕,缩短产犊间隔,提高繁殖率。具体操作方法参考第三章第三节相关内容。

第五节　做好妊娠母牛的饲养管理

一、妊娠母牛的日粮组成

母牛妊娠后,饲料不仅要满足母牛生长发育的营养需要,而且还要满足胎儿生长发育的营养需要和为产后泌乳进行营养蓄积。母牛怀孕前几个月,由于胎儿生长发育较慢,其营养需求较少,可以和空怀母牛一样,以粗饲料为主,适当搭配少量精饲料;如果有足够的青草供应,可不喂精饲料。母牛妊娠到中后期应加强营养,尤其是妊娠的最后2~3个月,应按照饲养标准配合日粮,以青饲料为主,适当搭配精饲料,重点满足蛋白质、矿物质和维生素的营养需要。蛋白质以豆粕质量为最好,棉籽粕、菜籽粕含有毒成分,不宜饲喂妊娠母牛或少量饲喂;矿物质要满足钙、磷的需要;微量元素、维生素不足可使母牛发生流产、早产、弱产,犊牛出生后易发病,缺磷时不会影响母牛体况,但能使卵巢静止,影响繁殖。同时,饲喂时应注意防止妊娠母牛过肥,尤其是产头胎的母牛,以免发生难产。母牛的妊娠期分为妊娠前期、妊娠中期和妊娠后期。精饲料参考配方为:玉米60%、饼粕类26%、糠麸10%、磷酸氢钙2%、食盐1%、微量元素维生素预混料1%。

1. 妊娠前期日粮组成

从受胎到怀孕2个月之间的时期为妊娠前期,此期营养需要较低,重点是做好保胎工作。胎儿各组织器官处于分化形成阶段,营养上不必增加需要量,但要保证饲料营养的均衡和全价,尤其是矿物元素和维生素A、维生素D、维生素E的供给。饲料供给以优质青粗饲料为主,精饲料为辅。例如,一头体重450千克妊娠前期的母牛日粮供给量为：青饲料25~30千克或干草（或秸秆）4~5千克、配合饲料1.5~2千克。

2. 妊娠中期日粮组成

怀孕2个月到7个月之间的时期为妊娠中期。妊娠5个月后胎儿增重加快，此期的重点是保证胎儿发育所需要的营养。故此期应增加精饲料喂量，多给蛋白质含量高的饲料。日粮可由青草25~30千克或干草（或秸秆）3~4千克、精饲料2~3千克组成。

3. 妊娠后期日粮组成

怀孕8个月到分娩的时期为妊娠后期，此期营养需要较高，重点确保胎儿快速发育所需要的营养。怀孕最后2个月，胎儿增重约占胎儿总重量的75%以上；同时，母体也需要储存一定的营养物质，使日增重达0.3~0.4千克，以供分娩和分娩后泌乳所需。故应增加精饲料喂量，多给蛋白质含量高的饲料。日粮可由青草20~25千克或秸秆（或干草）3~4千克、精饲料3~4千克组成。分娩前最后1周内精饲料喂量减少1/2。

二、妊娠母牛的饲养

妊娠母牛饲养管理的基本要求是体重增加、代谢增强、胚胎发育正常、犊牛初生重大、产后活力强。妊娠母牛的营养需要和胎儿的生长速度有关，胎儿在5月龄前生长速度缓慢，以后逐渐加快，到妊娠第9个月时，妊娠需要达到维持需要的50%~60%，胎儿需要从母体吸收大量营养。一般在母牛分娩前，至少要增重45~70千克，才能保证产犊后的正常泌乳与发情，怀孕最后的2~3个月，应进行重点补饲。如果供给的营养不足，会影响犊牛的初生重、哺乳犊牛的日增重及母牛的产后发情。营养过剩会使母牛发胖，生活力下降，影响繁殖和健康，母牛一般应保持中等膘情。

【注意】

对于头胎母牛，还要防止难产，尤其用大体型的牛改良小体型的牛，对妊娠后期的营养供给不可过量，以防胎儿过大造成难产。

放牧情况下，母牛在妊娠初期，青草季节应尽量延长放牧时间，一般不补饲，晴天选择背风向阳的地方放牧，增强牛体运动。枯草季节，应根据牧草质量和牛的营养需要确定补饲草料的种类和数量。特别是怀孕后期的2~3个月，应选择优质草场，延长放牧时间，牧后重点补饲，每天加喂0.5~1千克胡萝卜或干草以补充维生素A，也可用维生素A添加剂补充应补充维生素A，精饲料每天补1.0~1.5千克。此外，还要补充食盐及其他矿物质元素，特别在放牧青草时，因为青草中钾盐高，钠盐低，补食盐可维持钾、钠的适当比例，使体液稳定。正确的补盐方法是制成舔剂，任其自由舔食；或根据喂量，化在水中喂饮；或每天随草料拌匀给予。

舍饲妊娠母牛，要根据妊娠月份的增加调整日粮配方，增加营养物质供给量。按以青粗饲料为主适当搭配精饲料的原则，参照饲养标准配合日粮；粗饲料如以玉米秸为主，要补饲精饲料；粗饲料若以麦秸、稻草等为主，秸秆要适当处理加工，必须补饲精饲料。

母牛的妊娠期一般为270~290天，平均为280天。

1. 妊娠前期的饲养

这一阶段，通过输精配种，精子和卵子结合发育成胚胎。此期的胚胎发育较慢，母牛的腹围没有明显的变化。母牛在妊娠初期，由于胎儿生长发育较慢，其营养需求较少，为此，对妊娠初期的母牛一般按空怀母牛进行饲养，以粗饲料为主，适当搭配少量精饲料。初孕青年母牛身体开始发胖，后部骨骼开始变宽，营养向胎儿和身体两个方面供给，精饲料每头日喂1~1.5千克，每天饲喂3次。

当母牛以放牧补饲饲养为主时，此期放牧一般可以满足母牛对营养的需要，放牧可以促进母牛生长，减少疾病的发生，有利于胎儿发育。但在枯草期要补饲一定的粗饲料和精饲料，补饲的粗饲料要多样化，防止单一化。有条件的每天补饲青贮玉米10~12千克或块根饲料2~4千克或秸秆（干草）4~5千克。每天补饲2~3次，要定时、定量，避免浪费。补饲时按照先精后粗的顺序进行。

放牧时，不要快速驱赶，或者突然刺激母牛做剧烈活动，防止意外流产。青草期，以放牧采食青草为主，定时、定量饲喂精饲料。保证充足的饮水,每天饮水3次,冬季要饮温水。

牛舍要保持清洁、干燥,每天打扫2~3次。床位铺垫草,并且每天更换1次,每天刷拭牛体1~2次。

2. 妊娠中期的饲养

这一阶段,胎儿发育加快,母牛腹围逐渐增大,营养除了维持母牛身体需要外,全部供给胎儿。这一时期应提高母牛营养水平,满足胎儿的营养需要,为培育出优良健壮的犊牛提供物质基础。精饲料补饲要增加,每头日喂1.5~2千克,每天饲喂3次。保持放牧加补饲的饲养方法,尤其冬季要补饲青粗饲料和多汁饲料,供给充足的饮水。放牧时,选择背风向阳的地方进行短暂的休息。

重点是保胎,不要饲喂冰冻的饲料,冬季不饮用太凉的水;不刺激孕牛做剧烈或突然的活动。每天刷拭牛体的同时注意观察母牛有无异常变化。所用料桶和水桶每次用后刷洗干净、晾干。饮水槽要定期刷洗,保持饮水清洁卫生。牛舍要保持清洁干燥,通风良好,冬季注意保温。

3. 妊娠后期的饲养

这一阶段是胎儿发育的高峰期,母牛的腹围粗大。胎儿吸收的营养占日粮营养水平的70%~80%。妊娠最后2个月,母牛的营养直接影响胎儿生长和母牛本身营养的蓄积,如果长期低营养水平饲养,易造成犊牛初生重低,母牛消瘦、体弱和奶量不足,母牛易患产后瘫痪;若严重缺乏营养,会造成母牛流产。而高营养水平饲养,母牛则会因肥胖影响分娩,如难产、胎衣不下等。所以这一时期要加强营养但要适量。

保持放牧补饲饲养,供给充足饮水。35周龄以后,缩短放牧时间,每天上午和下午各放牧2小时。由于母牛身体笨重,行走缓慢,放牧距离应缩短。严禁突然驱赶和鞭打孕牛,以防流产和早产。孕牛起卧时,让其自行起卧,禁止驱赶。

舍饲时母牛精饲料喂量每头日喂2~2.5千克,37周龄结束至38周龄开始,根据母牛的膘情可适当减少精饲料用量,每头日喂量1.5~2千克,每天饲喂3次。

由于胎儿增大挤压了瘤胃的空间，母牛对粗饲料采食相对降低，补饲的粗饲料应选择优质、消化率高的饲料，水分较多的饲料要减少用量；38周龄时，饲喂的多汁饲料要减量，主要提供优质的干草和精饲料。按时供给饮水。每天注意观察孕牛状况，发现异常，立即请兽医诊治。每天刷拭牛体，清扫牛舍保持环境卫生。

三、妊娠母牛的管理

妊娠母牛管理的重点是做好保胎工作，预防流产或早产，保证安全分娩。在饲料条件较好时，应避免过肥和运动不足；在粗饲料较差时，做好补饲，保证营养供给。

1. 饲料管理

1）应采用先粗后精的顺序饲喂。即先喂粗饲料，待牛吃半饱后，在粗饲料中拌入部分精饲料或多汁料碎块，引诱牛多采食，最后把余下的精饲料全部投饲，吃净后下槽。

2）要注意饲料的多样化，重视青干草、青绿多汁饲料的供应，怀孕牛禁喂发霉变质或酸度过大的饲料，慎喂酒糟，不可饲喂冰冻或发霉腐败的饲料和饲草，以免引起孕牛的腹痛和消化不良，引起子宫收缩，造成流产。

3）分娩前2周左右饲料要减少1/3，以减轻肠胃负担，防止消化不良，特别注意的是要停喂青贮及多汁饲料，以免乳房过度膨胀。

2. 放牧管理

1）在母牛妊娠期间，应注意防止流产、早产，这对放牧饲养的牛群更为重要。妊娠后期的母牛与其他牛群分别组群，单独在附近的草场进行放牧，以防止顶角打架、拥挤和乱爬跨而造成流产。为防止母牛之间互相挤撞，放牧时不要鞭打、驱赶，以防惊群。

2）雨天不要放牧和进行驱赶运动，防止滑倒。不要在有露水的草场上放牧，也不要让牛采食大量易产气的幼嫩豆科牧草。

3. 妊娠母牛的日常管理

1）妊娠母牛在管理上要加强刷拭和运动，特别是头胎母牛，还要进行乳房按摩，以利于产后犊牛哺乳。舍饲妊娠母牛每天运动2小时左右，以免过肥或运动不足，以防止发生妊娠浮肿，不利于胎儿分娩。每天至少刷拭牛体1次，以保持牛体清洁。

2）妊娠母牛应做好保胎工作，自由饮水，不饮脏水、冰水，水温要求不低于8~10℃。

3）对有病的妊娠母牛要慎重用药，防止因用药不当引起流产。

4. 一般管理措施

（1）刷拭 定期刷拭牛体能清除牛体的污垢、尘土与粪便，保持牛体清洁，促进血液循环，增进新陈代谢，有益于牛的健康，同时还可以防止寄生虫病。刷拭应由颈部开始往后刷，先用毛刷和铁刷刷掉牛体粪便，天热时还可以用水清洗牛体。

（2）修蹄 由于受遗传和环境因素的影响，有的牛蹄会出现增生或病理症状，如变形蹄、腐蹄病等，如不及时修整，会造成牛行动上的困难和产乳量下降。修蹄应每年春秋各进行1次。平时经常观察，如发现母牛走路时姿势不正，就可能是蹄子出问题了，要及时处理。

（3）按摩乳房 对青年母牛一般从妊娠5~6个月开始必须按摩乳房，每天1~2次，每次3~5分钟，至产前半个月左右乳房出现生理性水肿时停止按摩。

5. 怀孕母牛用药的注意事项

母牛怀孕后，各器官发生一定的生理变化，对药物的反应与未孕母牛不完全相同，药物的分布和代谢也受妊娠的影响。因此，孕期不合理用药将导致胚胎死亡、流产、死胎和胎儿畸形，从而造成医源性疾病。

孕牛发生疾病用药治疗时，首先考虑药物对胚胎和胎儿有无直接或间接严重危害的作用；其次考虑药物对母牛有无副作用和毒害作用。怀孕早期用药要慎重，当发生疾病必须用药时，可选用不会引起胚胎早期死亡和致畸的常用药物。

孕牛用药剂量不宜过大，时间不宜过长，以免药物蓄积而危害胚胎和胎儿。

服用腹泻药、皮质激素药、麻醉药、驱虫药、利尿药、发汗药等都易使妊娠母牛流产。孕牛应慎用全身麻醉药、驱虫剂和利尿剂；禁

用有直接或间接影响生殖机能的药物,如前列腺素、肾上腺皮质激素、促肾上腺皮质激素和雌激素;严禁使用子宫收缩的药物,如催产素、垂体后叶制剂、麦角制剂、氨甲酰胆碱(卡巴胆碱)和毛果芸香碱。使用中药时应禁用活血祛瘀、行气破滞、辛热、滑利中药,如桃仁、红花、枳实、益母草、当归、乌头等。云南白药、地塞米松等药也应慎重使用。

【注意】

用药时必须考虑药物对胚胎和胎儿有无潜在性危害作用,要改变那种认为"孕畜用药都是有害"的观点。为了胚胎和胎儿的安全而延误孕牛的治疗,反而损害母牛的健康,甚至可能造成母子双亡。因此,孕牛患病时应积极用药治疗,确保母体健康,力求所用药物对胚胎和胎儿无严重危害。

第六节　做好空怀母牛的饲养管理

空怀母牛指在正常的适配期(如初配适配期、产后适配期等)内不能受孕的母牛。空怀母牛饲养管理的主要任务是查清不孕的原因,有针对性地采取措施平衡营养,提高受配率、受胎率,降低饲养成本。造成母牛空怀的原因主要有先天和后天两方面的原因,因先天性原因造成母牛空怀的概率较低。后天性原因主要是饲养和管理,如营养缺乏(包括母牛在犊牛期的营养缺乏)、生殖器官疾病、漏配、失配、营养过剩或运动不足引起的肥胖、环境恶化(过寒过热、空气污染、过度潮湿等),一般在疾病得到有效治疗、改善饲养管理条件后能克服空怀。

空怀母牛配种前要具有中等膘情,不可过肥或过瘦,特别是纯种肉用母牛常出现过肥的情况。过瘦母牛在配种前的2个月要补饲精饲料,平衡日粮,以提高受胎率。

一、空怀母牛的饲养

舍饲空怀母牛的饲养以青粗饲料为主,适当搭配少量精饲料,当以低质秸秆为粗饲料时，应补饲 1~2 千克精饲料，改善母牛的膘情，力争在配种前达到中等膘情，同时注意食盐等矿物质和维生素的补充。

以放牧为主的空怀母牛，放牧地离牛不应超过 3000 米。青草季节应尽量延长放牧时间，一般可以不补饲，但必须补充食盐；枯草季节，要补饲干草（或秸秆）3~4 千克和精饲料 1~2 千克。实行先喂草后饮水，待牛吃到 5~6 成饱后，喂给混合精饲料。然后饮水，待牛休息 15~20 分钟后出去放牧，放牧回舍后给牛备足饮水和夜草，让牛自由饮水和采食。草料要新鲜，无霉烂变质。初牧前 10 天限制采食幼嫩牧草和树叶等，防止有毒植物中毒或瘤胃臌气发生。

二、空怀母牛的管理

空怀母牛的管理最主要的是要及时查清母牛空怀的原因，并采取相应的治疗措施。母牛空怀的原因有先天性和后天性两方面。先天性不孕一般是由于母牛先天性发育异常。后天性不孕主要是由于营养缺乏、饲养管理不当及疾病所致。成年母牛因饲养管理不当造成的不孕，在恢复正常营养水平后，大多能够自愈。

牛舍内通风不良、空气污浊、夏季闷热、冬季过于寒冷、过度潮湿等恶劣环境极易危害牛体健康，敏感的个体很快停止发情。因此，改善饲养管理条件对提高母牛繁殖力、减少空怀十分重要。此外，运动和日光照射与增强体质、提高牛的生殖机能有着密切关系。

三、母牛不孕病的治疗

1. 持久黄体

发情周期黄体或妊娠黄体超过正常时间（20~30 天）不消退，称为持久黄体或黄体滞留。前者为发情周期持久黄体，后者为妊娠持久黄体，两者与妊娠黄体在组织结构和对机体的生理作用方面没有区别，都能分泌孕酮，抑制卵泡发育，使母牛发情周期停止循环，引起不育。

（1）病因 饲养管理失调，饲料营养不平衡，缺乏矿物质和维生素；缺少运动和光照，营养和消耗不平衡，气候寒冷且饲料不足，子宫疾病（如子宫炎、子宫积水、子宫积脓、死胎、部分胎衣滞留等）都会使黄体不能及时消退。妊娠黄体滞留造成子宫收缩乏力和恶露滞留，进一步引起子宫复旧不全和子宫内膜炎的发生。

（2）症状 发情周期停止循环，母牛不发情，精神状况、毛色、泌乳等都无明显异常。直肠检查发现：一侧（有时为两侧）卵巢增大，表面有突出的黄体，有大有小，质地较硬，同侧或对侧卵巢上存在1个或数个绿豆或豌豆大小的卵泡，均处于静止或萎缩状态；间隔5~7天再次检查时，在同一卵巢的同一部位会触到同样的黄体、卵泡，两次直肠检查无变化。子宫多数位于骨盆腔和腹腔交界处，基本没有变化，有时子宫松软下垂，稍粗大，触诊无收缩反应。

（3）诊断 根据临床症状和直肠检查即可确诊，但要做好鉴别诊断。持久黄体与妊娠黄体的区别在于：妊娠黄体较饱满，质地较软，有些妊娠黄体似成熟卵泡，而持久黄体不饱满，质硬，经过2~3周再做直肠检查，黄体无变化。妊娠时子宫是渐进性的变化，而持久黄体的子宫无变化。

（4）治疗 持久黄体的医治应从改善饲料、管理等方面着手。目前，前列腺素$PGF_{2\alpha}$及其类似物是有效的黄体溶解剂。

前列腺素（$PGF_{2\alpha}$）4毫克肌内注射或加入10毫升灭菌注射用水后注入持久黄体侧子宫角，效果显著。用药后一周内可出现发情，配种后能受孕，用药后超过一周发情的母牛，受胎率很低。个别母牛虽在用药后不出现发情表现，但经直肠检查，可发现有发育卵泡，按摩时有黏液流出，呈隐性发情，如果配种也可能受胎。

氯前列烯醇一次肌内注射0.24~0.48毫克，隔7~10天做直肠检查，如无效果可再注射1次。此外，以下药物也可以用于医治持久黄体。

① 促卵泡激素（FSH）100~200单位溶于5~10毫升生理盐水中肌内注射，经7~10天直肠检查，如黄体仍不消失，可再肌内注射1次，待黄体消失后，可注射小剂量人绒毛膜促性腺激素（HCG），

促使卵泡成熟和排卵。

② 注射促黄体释放激素类似物（LRH-A_3）400 单位，隔天再肌内注射 1 次，隔 10 天做直肠检查，如仍有持久黄体可再进行 1 个疗程治疗。

③ 皮下或肌内注射 1000~2000 单位孕马血清，作用同促卵泡激素。

④ 黄体酮和雌激素配合应用，注射黄体酮 3 次，1 天 1 次，每次 100 毫克，第 2 及第 3 次注射时，同时注射己烯雌酚 10~20 毫克或促卵泡素 100 单位。

2. 卵巢静止

卵巢静止是卵巢机能受到扰乱后处于静止状态。母牛表现为不发情，直肠检查时虽然卵巢大小、质地正常，表面光滑，却无卵泡发育，也无黄体存在；或有残留陈旧黄体痕迹，大小如蚕豆，较软，有些卵巢质地较硬，略小，相隔 7~10 天，甚至 1 个发情周期再做直肠检查，卵巢仍无变化。子宫收缩乏力，体积缩小。外部表现和持久黄体的母牛极为相似，有些患牛消瘦，被毛粗糙无光。

治疗的原则是恢复卵巢功能。

（1）按摩 隔天按摩卵巢、子宫颈、子宫体 1 次，每次 10 分钟，4~5 次为 1 个疗程，结合注射己烯雌酚 20 毫克。

（2）药物治疗

① 肌内注射促卵泡素 100~200 单位，出现发情和卵泡发育时，再肌内注射促黄体素 100~200 单位。以上两种药物都用 5~10 毫升生理盐水溶解后使用。

② 肌内注射孕马血清 1000~2000 单位，隔天 1 次，2 次为 1 个疗程。

③ 隔天注射己烯雌酚 10~20 毫克，3 次为 1 个疗程，隔 7 天不发情再进行 1 个疗程。当出现第 1 次发情时，卵巢上一般没有卵泡发育，不应配种，下一次自然发情时，应适时配种。

④ 用黄体酮连续肌内注射 3 天，每次 20 毫克，再注射促性腺激素，可使母牛出现发情。

⑤ 肌内注射促黄体释放激素类似物（LRH-A_3）400~600单位，隔天1次，连续2~3次。

3. 卵泡萎缩及交替发育

卵泡萎缩及交替发育都是卵泡不能正常发育、成熟引起的卵巢机能不全。

（1）病因 本病主要受气候与温度的影响，长期处于寒冷地区，饲料单纯，营养成分不足会导致本病发生；运动不够也能引起本病。

（2）症状及诊断

① 卵泡萎缩：在发情开始时，卵泡的大小及外表与正常发情一样，但卵泡发育缓慢，中途停止发育，保持原状3~5天，以后逐渐缩小，波动及紧张度也逐渐减弱，外部发情症状逐渐消失，发生萎缩的卵泡可能是1个或多个，也可能发生在一侧或两侧。因为没有排卵，卵巢上也没有黄体形成。

② 卵泡交替发育：一侧卵巢原来正在发育的卵泡停止发育并开始逐渐萎缩，而在对侧或同侧卵巢上又有数目不等的卵泡出现并发育，但发育不到成熟又开始萎缩，此起彼落，交替进行。其最后结果是其中1个卵泡发育成熟并排卵。卵泡交替发育的外在发情表现随卵泡发育的变化而有时旺盛，有时微弱，呈断续或持续发情，发情期拖延2~5天，有时长达9天，但一旦排卵，1~2天之内即停止发情。

卵泡萎缩和交替发育需要多次直肠检查，并结合外部发情表现才能确诊。

（3）治疗

① 促卵泡激素（FSH）：肌内注射100~200单位，每天或隔天1次，具有促进卵泡发育、成熟、排卵作用。人绒毛膜促性腺激素（HCG）对卵巢上已有的卵泡具有促进成熟、排卵并生成黄体的作用，与促卵泡激素结合使用效果更佳，肌内注射5000单位，静脉注射只需3500单位。

② 孕马血清：肌内注射1000~2000单位，作用同促卵泡激素。

4. 卵巢萎缩

卵巢萎缩是指卵巢体积缩小、机能减退，有时发生在一侧卵巢，也有同时发生在两侧卵巢的，表现为发情周期停止，长期不发情。卵巢萎缩多发生于体质衰弱的牛只（如患全身性疾病、长期饲养管理不当的牛）和老年牛，黄体囊肿、卵泡囊肿或持久黄体的压迫及患卵巢炎同样也会造成卵巢萎缩。

（1）症状 临床表现为发情周期紊乱，极少出现发情和性欲，即使发情表现也不明显，卵泡发育不成熟、不排卵，即使排卵，卵细胞也无受精能力。直肠检查时发现卵巢缩小，仅似大豆或豌豆大小，卵巢上无黄体和卵泡，质地坚硬，子宫缩小、弛缓、收缩微弱。间隔1周再次检查，卵巢与子宫仍无变化。

（2）治疗 治病原则是年老体衰者淘汰，有全身疾病的及时治疗原发病，加强饲养管理，增加蛋白质、维生素和矿物质饲料的供给，保证足够的运动，同时配合以下不同药物进行治疗。

① 促性腺释放激素类似物（LRH-A_3）1000 单位，肌内注射，隔天1次，连用3天，接着肌内注射三合激素4毫升。

② 人绒毛膜促性腺激素（HCG）10000~20000 单位，肌内注射，隔天再注射1次。

③ 孕马血清 1000~2000 单位，肌内注射。

5. 排卵延迟

（1）病因 排卵延迟主要原因是垂体分泌促黄体激素不足，激素的作用不平衡，其次是气温过低或突变，饲养管理不当。

（2）症状 卵泡发育和外表发情表现与正常发情一样，但成熟卵泡比一般正常排卵的卵泡大，所以直肠触摸与卵巢囊肿的最初阶段极为相似。

（3）治疗 排卵延迟的治疗原则是改进饲养管理条件，配合药物治疗。

① 促黄体素：出现发情症状时肌内注射黄体酮 50~100 毫克。对于因排卵延迟而屡配不孕的牛，在发情早期可应用雌激素，晚期可注射黄体酮。

② 促性腺释放激素类似物：发情中期肌内注射 400 单位。

6. 卵泡囊肿

卵泡囊肿是由于未排卵的卵泡上皮变性，卵泡壁结缔组织增生，卵细胞死亡，卵泡液不被吸收或增多而形成的。卵泡囊肿占卵巢囊肿 70% 以上，其特征是无规律频繁发情或持续发情，甚至出现"慕雄狂"。"慕雄狂"是卵泡囊肿的一种症状，其特征是持续而强烈的发情行为。但不是只有卵泡囊肿才引起"慕雄狂"，也不是卵泡囊肿都具有"慕雄狂"的症状。卵泡囊肿有时是两侧卵巢上卵泡交替发生，当一侧卵泡挤破或促排后，过几天另一侧卵巢上的卵泡又开始发生囊肿。

（1）病因 卵泡囊肿主要原因是垂体前叶所分泌的促卵泡激素过多，或促黄体激素生成不足，使排卵机制和黄体的正常发育受到了扰乱，卵泡过度增大，不能正常排卵，卵泡上皮变性形成囊肿。日粮中的精饲料比例过高，缺少维生素 A，运动和光照减少，可诱发舍饲泌乳牛发生卵泡囊肿；不正确地使用激素制剂（如饲料中过度添加或注射过多雌激素），胎衣不下、子宫内膜炎及其他卵巢疾病等引起卵巢炎，使排卵受到扰乱，也可伴发卵泡囊肿，有时也与遗传基因有关。

（2）症状 发情表现反常，发情周期缩短，发情期延长，性欲旺盛，特别是"慕雄狂"的母牛，经常追逐或爬跨其他牛只，由于过度消耗体力，消瘦，毛质粗硬，食欲逐渐减少。由于骨骼脱钙和坐骨韧带松弛，尾根两侧处凹陷明显，臀部肌肉塌陷。阴唇肿胀，阴门中排出数量不等的黏液。直肠检查：卵巢上有 1 个或数个大而波动的卵泡，直径可达 2～3 厘米，大的如鸽子蛋，泡壁略厚，连续多次检查可发现囊肿交替发生和萎缩，但不排卵，子宫角松软，收缩性差。长期得不到治疗的卵泡囊肿病牛可能并发子宫积水和子宫内膜炎。

（3）治疗 提倡早发现早治疗，发病 6 个月之内的牛治愈率为 90%，1 年以上的治愈率低于 80%，继发子宫积水等的牛治疗效果更差。一侧多个囊肿，一般都能治愈。在治疗的同时应改善饲养管理条件，否则治愈后易复发。

治疗药物如下：

① 促黄体素200单位，肌内注射。用后观察1周，如效果不明显，可再用1次。

② 促性腺释放激素0.5~1毫克，肌内注射。治疗后，产生效果的母牛大多数在12~23天内发情，基本上起到调整母牛发情周期的效果。

③ 绒毛膜促性腺激素，静脉注射10000单位或肌内注射20000单位。

对出现"慕雄狂"的患病牛可以隔天注射黄体酮100毫克，2~3次症状即可消失。在使用以上激素效果不显著时可肌内注射10~20毫克地塞米松，效果较好。

7. 黄体囊肿

黄体囊肿是未排卵的卵泡壁上皮黄体化，或者是正常排卵后，由于某些原因，黄体化不足，在黄体内形成空腔，腔内聚积液体，前者称黄体化囊肿，后者称囊肿黄体。囊肿黄体与卵泡囊肿和黄体化囊肿在外形上有显著不同，它有一部分黄体组织突出于卵巢表面，囊肿黄体不一定是病理状态。黄体囊肿在卵巢囊肿中占25%左右。

（1）症状 黄体囊肿的临床症状是不发情。直肠检查可以发现卵巢体积增大，多为1个囊肿，大小与卵泡囊肿差不多，但壁较厚而软，不紧张。黄体囊肿母牛血浆孕酮浓度比一般母牛正常发情后黄体高峰期的孕酮浓度还要高，促黄体激素浓度也比正常牛高。

（2）治疗 与持久黄体的治疗相同。

四、子宫内膜炎的治疗

牛子宫内膜炎的致病因素较复杂，而病情、疾病性质和临床表现因个体差异而不尽相同，必须依临床表现进行综合评价。根据不同的类型和病情发展阶段，制订有针对性的治疗方案，合理选用药物，才能达到最佳的治疗效果。

1. 子宫内膜炎的分类

根据黏膜炎症的性质不同，将子宫内膜炎分为卡他性、脓性、卡他脓性和坏死性子宫内膜炎。根据病程的长短，可分为急性和慢性子宫内膜炎。慢性子宫内膜炎由急性子宫内膜炎转化而来，慢性炎症有时会急性发作。子宫内膜炎常因炎症的扩散引起子宫肌炎、子宫浆膜炎及盆腔炎等。

(1) 急性子宫内膜炎　急性子宫内膜炎多发于牛产后及流产后，表现有黏液性或脓性黏液。母牛体温稍升高，食欲下降，有时会出现拱背、努责、排尿姿势，从阴门排出少量黏液或脓性分泌物。

(2) 慢性子宫内膜炎

① 卡他性子宫内膜炎：发情周期正常，但屡配不孕或胚胎死亡。子宫腔内渗出物排不出而引发子宫积水，冲洗子宫回流液略浑浊，类似清鼻液或淘米水。

② 卡他脓性子宫内膜炎：有轻度全身反应，发情不正常，阴门中排出灰白色或黄褐色稀薄脓液，尾根部、阴门和飞节上常沾有阴道排出物或干痂。冲洗回流液如绿豆汤或米汤样，其中有小脓块或絮状物。

③ 慢性脓性子宫内膜炎：从阴门中排出脓性分泌物，卧下时排出的较多，阴门周围皮肤及尾根部黏附着脓性分泌物，干后变薄痂。

(3) 隐性子宫内膜炎　子宫不发生肉眼可见的变化，直肠检查和阴道检查无任何变化，发情周期正常，但屡配不孕。牛发情时子宫流出的分泌物较多，有时分泌物略微浑浊。子宫内液体涂片，镜检可见有中性白细胞聚集。

由于隐性子宫内膜炎临床症状不明显，早期不易被发现，易被忽视或误诊，往往延误了最佳治疗时间，使其转化为显性的顽固性炎症，导致母牛长期不孕。隐性子宫内膜炎的诊断可采用以下方法。

① 生物试验法：在载玻片上分别滴上 2 滴精液，其中的 1 滴加入在发情时从子宫颈采取的黏液，盖上盖玻片，在显微镜下检查。如果精子在黏液中逐渐不运动或凝集，而在未加黏液的精液中运动正常，则为子宫内膜炎阳性。

② 含硫氨基酸诊断方法：将 0.5% 醋酸铅溶液 4 毫升加入试管

中，再加入14滴20%的氢氧化钠溶液和1~1.5毫升子宫内容物，然后轻轻摇动试管，用酒精灯加热3分钟，但不要达到沸腾。若被检子宫内容物中含有硫氨基酸，则混合物呈现褐色或黑色，这时即可诊断为隐性子宫内膜炎。使用本方法应在授精前采取子宫内容物，否则含硫氨基酸会随精液进到子宫内，从而降低诊断的准确性。该方法简便、快捷、准确。

③ 硝酸银试验法：由于牛发生子宫内膜炎后，其子宫壁中产生组织胺的肥大细胞明显增多，因而可以通过检查尿液中的胺进行子宫内膜炎的诊断。向试管中加入2毫升被检尿液，再加入1毫升5%硝酸银水溶液，在酒精灯上煮沸2分钟，试管出现沉淀。黑色沉淀为阳性反应，褐色和更淡色沉淀为阴性反应。

在实际生产中，母牛发情期进行母牛临床症状不明显型子宫内膜炎的诊断可先利用生物试验法，随后检验子宫黏液中的含硫氨基酸，当大批量检查时可用硝酸银试验法进行检验。

2. 西医疗法

(1) 子宫内给药 当子宫内膜炎无全身症状时，一般采用子宫局部用药。一般选用广谱抗生素或其他抗菌药物，如土霉素、四环素、金霉素、氯霉素、碘甘油、氟哌酸等。

① 土霉素粉2克或四环素粉2克，一同溶于100~200毫升的蒸馏水中，一次注入子宫。每天1次或隔天1次，直至排出的分泌物洁净清亮、数量变少为止。

② 金霉素1克和青霉素80万~100万单位，一同溶于100~200毫升的蒸馏水中，一次注入子宫。每天1次或隔天1次，直至排出的分泌物洁净清亮、数量变少为止。

③ 青霉素100万单位和链霉素0.5~1克，一同溶于100~200毫升的蒸馏水中，一次注入子宫。每天1次或隔天1次，直至排出的分泌物洁净清亮、数量变少为止。

④ 如果体温升高时，在250毫升生理盐水中加入2%的碘酊6毫升，加热到40~45℃，一次注入子宫内，不要使其流出，1.5小时内病牛体温可降到正常。

⑤ 用尿素1.5克、甘油25毫升和呋喃西林0.1克，加蒸馏水达到100毫升，每天1次注入子宫50毫升，连注2天。

⑥ 将患牛的外阴洗净消毒，用红霉素胶囊4~6粒，直接投入子宫内。

⑦ 用呋喃西林0.5克、三溴酚铋1克、磺胺噻唑12克、氧化锌9克、化学纯液状石蜡110毫升，进行充分混合后，用塑胶管一次灌注进子宫内。

⑧ 灌注青链霉素合剂，用青霉素240万单位和链霉素300万单位，溶入300毫升生理盐水中，在输精或配种前8小时一次注入子宫内，可提高受胎率。

(2) 子宫冲洗 因牛子宫颈管细长、子宫角下垂，冲洗液不易排出，易经输卵管进入腹腔，故一般不主张进行子宫冲洗。子宫内膜炎最急性期以及坏死性子宫炎、纤维素性子宫炎时一般禁止冲洗。尤其是对伴有严重全身症状的急性子宫内膜炎更应禁止冲洗子宫。可选用35~40℃的0.1%高锰酸钾溶液、0.02%呋喃西林溶液或0.02%新洁尔灭溶液等冲洗子宫，排出炎性渗出液，再用生理盐水5000毫升反复冲洗子宫。冲洗后要尽量排净冲洗液，为此可进行直肠内按摩子宫或使用子宫收缩剂。

(3) 激素疗法 为促进子宫收缩及其机能恢复，排出炎性产物，可注射垂体后叶素、麦角新碱、催产素等，催产素用量一般为20单位。对有渗出物蓄积的病例，每3天注射雌二醇8~10毫克，注射后4~6小时再注射催产素20单位，效果更好。

如果子宫颈尚未开张，可肌内注射雌激素制剂促进颈口开张。开张后肌内注射催产素或静脉注射10%氯化钙液100~200毫升，促进子宫收缩，提高子宫张力，诱导子宫内分泌物排出。

(4) 生物疗法 向子宫内投入阴道乳酸杆菌，产生乳酸，以此来抑制病原菌，这种制剂无副作用，克服了使用抗菌药所产生的细菌抗药性和药物的刺激作用。

(5) 其他西医疗法

① 用生理盐水15毫升，把12粒金霉素胶囊中的粉剂取出溶进

盐水中，注入子宫颈口内，一次即可。同时，用马来酸麦角新碱 15 毫克、垂体后叶素 100 单位，混合后一次进行肌内注射，1 天 1 次，连用 4 次。

② 用链霉素 240 万单位、青霉素 340 万单位、生理盐水 30 毫升，混合后慢慢注入子宫颈内，4 天 1 次，2 次可愈。同时，用垂体后叶素注射液 80 万单位和马来酸麦角新碱注射液 12 毫克，混合后一次肌内注射，1 天 1 次，连续注射 3 天。

（6）针对症状进行治疗 对有感染扩散倾向或全身症状明显的病例，可全身应用抗生素，以控制感染扩散，同时可视病情进行强心补液。

3. 中医疗法

① 子宫有出血现象时，用 1% 的明矾或者 1%～3% 的鞣酸冷溶液冲洗，用量为 500～1000 毫升。冲洗以后，要按摩子宫，尽量让蓄在子宫内的液体排出。

② 新鲜艾叶 250 克（干艾叶减半），加清水 2800 毫升，煮沸 25 分钟，过滤后用灌肠器或大容量的注射器反复冲洗阴道、子宫，同时用 20 毫升的 10% 乌洛托品进行肌内注射。

③ 五灵脂 120 克、蒲黄 120 克开水冲泡，五灵脂泡开即可。药汁一次灌服，2 天后再服 1 剂。

④ 忍冬藤 70 克、桃仁 100 克、野菊花 70 克、车前草 62 克，共同煎汁，一次灌服。

⑤ 白芍 16 克、白豆 16 克、白术 15 克、白芷 15 克、白糖 18 克，混合研为细末，开水冲调一次灌服。

⑥ 银花 65 克、黄芩 34 克、丹皮 30 克、连翘 64 克、赤芍 30 克、香附 36 克、薏苡仁 37 克、蒲公英 36 克、桃仁 29 克、延胡索 37 克，混合研为细末，用开水冲调一次灌服。

⑦ 山药 100 克、牡蛎 56 克、茜草 37 克、龙骨 55 克、海螺蛸 30 克、苦参 37 克、黄柏（黄檗）35 克、甘草 20 克，煎汁后一次灌服，连服 3 剂。灵脂 30 克、川芎 18 克、当归 30 克、延胡索 29 克、吴萸 30 克、棕炭 32 克、茯苓 25 克、炒白芍 36 克、炙甘草 32 克、赤芍

25 克、炒小茴香 38 克，混合研为细末，开水冲烫一次灌服。

4. 根据不同类型子宫内膜炎采取有针对性的治疗方案

（1）急性子宫内膜炎的治疗 消除全身症状，制止感染扩散，促进子宫收缩，可采取肌内注射青霉素 320 万单位、链霉素 300 万单位，每天 2 次，连用 3～5 天，同时采用子宫灌注法，先用 0.1% 新洁尔灭冲洗子宫，再用生理盐水冲洗至洗液透明。

中药方剂：车前子 50 克、益母草 60 克、双花 50 克、党参 60 克、土茯苓 50 克、黄芪 30 克、连翘 40 克、桃仁 30 克、知母 30 克、黄柏 30 克、炮姜 15 克、泽兰叶 30 克、炙甘草 20 克、白芍 30 克、香附 30 克、红花 20 克、元胡索 20 克。水煎取汁，每天分 2 次灌服，3 天为 1 个疗程。

（2）慢性子宫内膜炎的治疗 采取冲洗子宫法时，可根据具体情况结合症状，先使用抗生素或防腐药，最好用药前先做药敏实验，根据结果选用高敏药物。冲洗时严格遵守消毒规则，小剂量反复冲洗，直至冲洗液透明为止。

子宫积水或子宫积脓的病例，先排出子宫内积留的液体再进行冲洗。当子宫颈收缩，冲洗管不易通过时，注射雌激素促使子宫颈开张，加强子宫收缩。产后几天或子宫壁肌肉层发炎时不用或慎用冲洗法。冲洗液常用 0.1% 高锰酸钾、0.02% 新洁尔灭、生理盐水、2%～10% 高渗盐水等溶液。一次注入冲洗液以 100 毫升左右为宜。

① 慢性卡他性子宫内膜炎治疗：采用冲洗法和灌注法相结合。冲洗液可任选一种，灌注药采用氯霉素 1.5 克、痢特灵（呋喃唑酮）0.5 克、植物油 20 毫升。一次注入药液。5 天后检查，如未愈再重复注药一次或灌注 0.1% 乳酸环丙沙星溶液 50 毫升，每天 1 次，连用 3～4 天。

② 慢性卡他脓性子宫内膜炎和慢性子宫脓性内膜炎的治疗：一般先进行冲洗，再注入子宫抗菌消炎制剂，如中药黄柏、苦参、龙胆草、穿心莲、益母草各 20 克，用水煎，浓缩至 40 毫升，一次子宫注入，隔天 1 次。此外，可配合激素疗法，肌内注射己烯雌酚 20～30 毫克，隔天 1 次，或 15-甲基前列腺素 $F_{2\alpha}$ 2～4 毫克/次，每天 2 次。

当子宫内脓液较少时，可直接子宫灌注 5%～10% 鱼石脂液，每次 100 毫升，每天 1 次，连用 3 天。

对慢性及含有脓性分泌物的病牛，可用卢格氏液（也可以用 0.1% 高锰酸钾液，或 0.05% 呋喃西林溶液，或 3%～5% 氯化钠溶液）冲洗子宫。卢格氏液配制方法：碘 25 克、碘化钾 25 克，加蒸馏水 50 毫升溶解后，再加蒸馏水到 500 毫升，配成 5% 碘溶液备用。用时取 5% 碘溶液 20 毫升，加蒸馏水 500 毫升，一次灌入子宫。碘溶液具有很强的杀菌力，用时由于碘的刺激性强，可促使子宫的慢性炎症转为急性炎症，使子宫黏膜充血，炎症渗出增加，加速子宫的净化过程，促使子宫早日康复。

对于子宫蓄脓的治疗，可用前列腺素及其类似物，一次向子宫腔内注射 2～6 毫克，能获得良好效果。对纤维蛋白性子宫内膜炎，禁止冲洗子宫，以防炎症扩散。为了清除子宫内渗出物，可用药物促使子宫收缩，并向子宫腔内投入土霉素胶囊。

(3) 隐性子宫内膜炎的治疗　可采取子宫灌注抗生素的方法。母牛发情后在输精前 2 小时子宫注入青霉素 160 万单位、链霉素 100 万单位、生理盐水 50 毫升左右。也可在输精后 2 小时子宫注入青霉素 320 万单位、链霉素 200 万单位、生理盐水 50 毫升左右。

(4) 母牛产后子宫保健方案

① 母牛产后 1 天（待胎衣排出后）将土霉素泡腾片投入子宫，防止子宫感染。

② 母牛产后 3 天，如果子宫有蓄脓、胎衣不下、胎衣不全、恶臭、发烧等症状，可用土霉素、呋喃西林各 10 克加蒸馏水配成 500 毫升的溶液进行子宫的软管投药，1 次 1 瓶，间隔 2～3 天，连投 3 次。如果积液严重，还可以适当加一些子宫收缩药。

③ 产后 15 天左右，子宫颈口基本恢复，软管已无法进入。这时如果发现子宫仍然有大量积脓，可用土霉素、环丙沙星加雌激素（雌激素主要起松弛子宫颈口，防止投药时造成子宫损伤）进行硬管（如无专用硬管可用输精枪外套管代替）投药，一次 250 毫升左右，连投 1～2 次。

④ 产后 40 天后可肌内注射前列烯醇等促使奶牛发情，检查其黏液判断子宫内情况。如果这时发现子宫黏液中还含有少量白脓，表明子宫深处依然有炎症，可用青霉素、链霉素配成 50~60 毫升溶液用硬管再进行 1 次投药治疗。

五、缩短母牛产后空怀期的措施

1. 促进子宫复旧

母牛产后恶露较多，持续时间较长，子宫完全复旧至少需要 20 天。子宫复旧的状态除直接影响卵子受精和受精卵的发育和着床外，还与卵巢机能的恢复直接相关。产后卵巢如能迅速出现卵泡活动，即使不排卵，也会大大提高子宫的紧张度，促进子宫内恶露的排出和正常生理状态的恢复。

在子宫复原未完成时使用前列腺素 $PGF_{2\alpha}$ 可以缩短产后到出现第一次发情的时间并提高受胎率。$PGF_{2\alpha}$ 此时的主要作用是促进子宫复原，恢复子宫的正常功能，同时又可调节卵巢的正常功能。

2. 控制母牛的营养水平

牛产后卵泡不能充分发育、排卵、发情期推迟或出现隐性发情的直接原因是促性腺激素的分泌频率和分泌量降低，特别是促黄体素（LH）的分泌频率低。产后 6~8 周泌乳出现高峰期，而此期也正是卵巢重新出现正常周期性活动和进行第一次配种的重要时期，体况差的母牛最容易出现能量负平衡，直接影响泌乳量和繁殖效率。但产前过度肥胖的母牛又可能增加出现生产瘫痪、消化紊乱和酮血症的危险性。在产后配种时体重仍在降低的母牛 LH 峰值低，发情出现较晚，第 1 次配种受胎率较体重逐渐增加者明显要低。产后母牛要通过营养水平调整，使其维持在中上等膘情，体况评分在 3 分左右。

3. 激素处理

（1）子宫内灌注儿茶酚雌激素 在卵泡中儿茶酚雌二醇的作用之一是抑制基础的和生长因子诱导的颗粒细胞分化。因此，儿茶酚雌激素对颗粒细胞具有抗分裂作用，有助于颗粒细胞产生孕酮以及排卵后形成黄体。

（2）使用促性腺激素和促性腺激素释放激素（GnRH）诱导排卵 在产后 16~30 天一次性或多次注射 LH 或 GnRH（或其类似物）可诱导母牛排卵。

（3）孕激素处理 耳部埋置 3 毫克孕酮类似物诺甲酯孕酮 9 天后，在 48 小时内注射 1000 单位人绒毛膜促性腺激素（HCG），诱导排卵后黄体期维持正常周期的比例增加。诺甲酯孕酮埋置 6 天后 LH 浓度和分泌频率均有增加，排卵前外周血中雌二醇浓度和大卵泡上 LH 受体数量也有所增加。促性腺激素的增加促进了卵泡的发育。

第五章
采用繁殖新技术，向数量要效益

第一节　在繁殖新技术方面的误区

一、观念误区

繁殖新技术有很多，如同期发情、超数排卵、胚胎移植、诱导双胎等。一提到这些新技术，很多人总觉得比较高大上，技术操作难度大，费用高，生产中不好推广。其实这些技术已经比较成熟，操作难度也不是很大，如同期发情，若采用阴道栓法，上栓简单，撤栓也不难，撤栓后过2~3天母牛就一起发情了，就可以一起配种，然后一起产犊，犊牛饲养处于相同的时期，也便于饲养管理和集中出栏。采用胚胎移植技术，生产胚胎稍有难度，但移植胚胎并不难，会做人工授精的人员稍微培训一下就会移植胚胎了。如果能在生产中广泛使用这些技术，必将大幅提高母牛的繁殖效率。

二、技术误区

1）采用同期发情、诱发双胎、超数排卵、胚胎移植等新技术，只重视技术处理，不重视母牛的营养。做各类处理以前，都要求母牛中上等膘情，如果母牛太瘦，胚胎很难成活，流产率很高。

2）做处理之前没有对母牛进行健康检查，特别是患生殖系统疾病的母牛，如母牛患子宫内膜炎，配种受胎率很低，移植的胚胎也很难存活。所以做处理之前，要对母牛进行细致的检查，健康无病、生殖功能正常的母牛才可以做。

3）做胚胎移植时，移植胚胎的品种要与受体母牛体型上相适应，如果母牛体型很小而移植一个大型品种的胚胎，将来分娩时难产率很高。

4）各类处理药物的剂量和方法都不是固定的，要根据牛的品种、体型、季节性和是否重复超排等各种因素灵活调节，如果照搬别人的方案，其结果也不一定会很理想。最好先做小批量的试验，根据试验结果再动态调整，才能取得较好的效果。

第二节　掌握母牛发情期的调控技术

一、初情期的调控技术

1. 初情期调控的意义

初情期的调控是指利用激素处理，使未性成熟的雌性动物卵巢发育和卵泡发育并能达到成熟的阶段。初情期的调控技术主要应用于大动物的育种，以缩短优秀雌性的世代间隔，可以使牛的世代间隔从原来的30个月缩短至15个月左右。其次，用于研究未性成熟动物的卵巢活动情况、卵泡发育潜能、初情期前卵巢对促性腺激素的反应、卵子发育及受精的能力等。在生产实践中，可使母牛提早配种，缩短培育期，降低成本。

2. 初情期调控的原理

雌性动物卵巢上卵泡的发育与退化，从出生到生殖能力丧失，从未停止。而初情期前卵泡不能发育至成熟，可能是下丘脑、垂体尚未发育成熟，下丘脑—垂体—性腺反馈轴尚未建立，但性腺已能对一定量的促性腺激素甚至促性腺激素释放激素产生反应，卵泡发育已至成熟阶段。只是此时动物的垂体未能分泌足够的促卵泡素（FSH）和促黄体释放激素（LH）。因此，给予一定量的外源FSH和LH及其类似物，可达到调控性未成熟雌性动物初情期的目的。

3. 调控初情期的方法

诱发未成熟雌性发情和排卵的方法与诱发性成熟乏情雌性发情和超数排卵的方法类似，只是用药剂量减少至30%～70%。小母牛初情期和超数排卵的调控可采取以下两种方案。

(1) FSH 的处理方法 用纯品 FSH 5~7.5 毫克,按递减法分 3 天,上、下午各 1 次,共 6 次肌内注射(如 5 毫克 FSH,第 1 天 2.5 毫克,第 2 天 1.6 毫克,第 3 天 0.9 毫克)。

(2) 孕马血清促性腺激素(PMSG)的处理方法 PMSG 的特点是半衰期长达 120 小时。用其做性成熟雌性的诱发发情或超数排卵,可能会因作用时间太长而影响效果,而对性未成熟雌性如果仅做超排取卵,则影响不大。一次肌内注射 800~1500 单位,4 天后卵泡可发育至成熟阶段,此时可取卵。但 PMSG 刺激雌性卵泡发育的效果不如 FSH 稳定。

二、同期发情

同期发情不但可用于周期性发情的母牛,而且能使乏情状态的母牛出现性周期活动。例如,卵巢静止的母牛经过孕激素处理后,很多表现发情;因持久黄体存在而长期不发情的母牛,用前列腺素处理后,由于黄体消散,生殖机能随之得以恢复。

1. 同期发情的意义

同期发情又称同步发情,是利用某些激素制剂人为地控制并调整一群母畜发情周期的进程,使之在预定时间内集中发情、集中配种。同期发情的关键是人为控制卵巢黄体寿命,同时终止黄体期,使牛群中经处理的牛只卵巢同时进入卵泡期,从而使之同时发情。同期发情的意义有以下几点。

(1) 有利于推广人工授精 人工授精往往由于牛群过于分散(农区)或交通不便(牧区)而受到限制。如果能在短时间内使牛群集中发情,就可以根据预定的日程巡回进行定期配种。

(2) 便于组织生产 控制母牛同期发情,可使母牛配种妊娠分娩及犊牛的培育在时间上相对集中,便于牛的成批量生产,从而有效地进行饲养管理,节约劳动力和费用,对于工厂化养牛有很高的实用价值。

(3) 可提高繁殖率 用同期发情技术处理乏情状态的母牛,能使之出现性周期活动,可提高牛群繁殖率。

(4) 有利于胚胎移植 在进行鲜胚移植时同期发情是必不可少的,同期发情使胚胎的供体和受体处于同一生理状态,使移植后的胚胎仍处于相似的母体环境。

2. 同期发情的机理

母牛的发情周期从卵巢的机能和形态变化方面可分为卵泡期和黄体期两个阶段。发情排卵后，卵泡破裂并发育成黄体，随即进入黄体期，这一时期一般是周期第 1～17 天。卵泡期是在周期性黄体退化继而血液中孕酮水平显著下降后，卵巢中卵泡迅速生长发育，最后成熟并导致排卵的时期，这一时期一般是周期第 18～21 天。黄体期内，在黄体分泌的孕激素的作用下，卵泡发育受到抑制，母畜不表现发情，在未受精的情况下，黄体维持 15～17 天即行退化，随后进入另一个卵泡期。

相对高的孕激素水平可抑制卵泡发育和发情，由此可见黄体期的结束是卵泡期到来的前提条件。因此，同期发情的关键就是控制黄体寿命，并同时终止黄体期。

现行的同期发情技术有两种：一种方法是向母牛群同时施用孕激素，抑制卵泡的发育和母牛发情，经过一定时期同时停药，随之引起同期发情。采用这种方法，在施药期内，黄体发生退化，外源孕激素代替了内源孕激素（黄体分泌的孕激素），造成了人为黄体期，推迟了发情期的到来。另一种方法是利用前列腺素 $PGF_{2\alpha}$ 使黄体溶解，中断黄体期，从而提前进入卵泡期，使发情提前到来。

3. 同期发情的处理方法

用于母牛同期发情处理的药物种类很多，处理方法也有多种，但较适用的是孕激素阴道栓塞法和前列腺素法。

(1) **孕激素阴道栓塞法** 将栓塞物放在子宫颈外口处，其中的激素即可渗出。栓塞物可用泡沫塑料块或硅橡胶环，其中包含一定量的孕激素制剂。处理结束后，将栓塞物取出即可，也可同时注射孕马血清促性腺激素。

孕激素的处理有短期（9～12 天）和长期（16～18 天）两种。长期处理方法，发情同期率较高，但受胎率较低；短期处理方法，发情同期率较低，而受胎率接近或相当于正常水平。如果在短期处理开始时，肌内注射 3～5 毫克雌二醇（可使黄体提前消退和抑制新黄体形成）及50～250毫克的孕酮（阻止即将发生的排卵），可提高发情同期化的程度。但由于使用了雌二醇，故投药后数日内母牛出现发情表现，但并非真正发情，故不要授精。使用硅橡胶环时，环内附有一胶囊，内装上述量的雌二醇和孕酮，以代替注射。

孕激素处理结束后，在第2～4天内大多数母牛的卵巢上有卵泡发育并排卵。

（2）前列腺素及其类似物处理法 前列腺素的投药方法有子宫注入（用输精器）和肌内注射两种。前者用药量少，效果明显，但注入时较为困难；后者虽操作容易，但用药量需适当增加。

前列腺素处理法是溶解卵巢上的黄体，中断周期黄体发育，使牛同期发情。前列腺素处理法仅对卵巢上有功能性黄体的母牛起作用，只有当母牛在发情周期第5～18天（有功能黄体时期）才能产生发情反应。对于周期第5天以前的黄体，前列腺素并无溶解作用。因此，用前列腺素处理后，总有少数牛无反应，对于这些牛需做二次处理。有时为使一群母牛达到最大限度的同期发情率，第1次处理后，表现发情的母牛不予配种，经10～12天后，再对全群牛进行第2次处理，这时所有的母牛均处于发情周期第5～18天之内。故第2次处理后母牛同期发情率显著提高。

用前列腺素处理后，一般第3～5天母牛出现发情，比孕激素处理晚1天。因为从投药到黄体消退需要将近1天时间。

（3）孕激素和前列腺素结合法 将孕激素短期处理与前列腺素处理结合起来，即先用孕激素处理5～7天（或9～10天），结束前1～2天注射前列腺素。该方法的效果优于二者单独处理。

不论采用哪种处理方式，处理结束时配合使用3～5毫克促卵泡素（FSH）、700～1000单位孕马血清促性腺激素（PMSG）或50～100微克促排卵3号（LRH-A_3），可提高处理后的同期发情率和受胎率。

同期发情处理后，虽然大多数牛的卵泡正常发育和排卵，但许多牛无外部发情症状和性行为表现，或表现非常微弱，其原因可能是激素未达到平衡状态；第2次自然发情时，其外部症状、性行为和卵泡发育则趋于一致。单独进行 PGF_{2a} 处理，对那些本来卵巢静止的母牛效果很差甚至无效。这种情况多发生在枯草季节、农忙时节及产后的一段时间。

三、诱发发情

1. 诱发发情的定义与意义

诱发发情是对因生理和病理原因不能正常发情的性成熟雌性，使用激素和采取一些管理措施，使之发情和排卵的技术。季节性发情动物在非繁殖季节无发情周期，哺乳期乏情的各种动物产后乏情，雌性动物达到初情期年龄后仍无发情周期等，均可采用诱发发情。

我国的黄牛和水牛很大比例还是采用传统的方法小规模饲养，天然放牧，自然哺乳，因此产后乏情期长。通过诱发发情处理，往往可使产后乏情期缩短数十天，可在一定程度上提高母牛的繁殖率。此外，黄牛和水牛，尤其是水牛，若相当数量的雌性达性成熟年龄后仍未出现发情周期，可能是因长期营养低下，身体发育迟缓、卵巢发育缓慢造成的，如果能使这部分母牛发情配种，则可很大程度地提高群体的繁殖率。

2. 诱发发情的方法

（1）孕激素处理方法 与同期发情的孕激素处理方法相同，常处理 9~12 天。因这些生理乏情母牛的卵巢都是静止状态，无黄体存在，孕激素处理后，对垂体和下丘脑有一定的刺激作用，从而促进卵巢活动和卵泡发育。如果在孕激素处理结束时给予一定量的 PMSG 或 FSH，效果会更明显。

（2）PMSG 处理方法 乏情母牛卵巢上应无黄体存在，一定量的 PMSG（750~1500 单位或每千克体重 3~3.5 单位）可促进卵泡发育和发情，10 天内仍未发情的可再次用该方法处理，剂量稍加大。该方法处理简单，效果明显。

（3）促性腺激素释放激素（GnRH）处理方法 目前国产的 GnRH 类似物半衰期长，活性高，有促排卵 2 号（LRH-A_2）和促排卵 3 号（LRH-A_3），是经济有效的诱发发情的激素制剂。使用 LRH-A_2

时，肌内注射剂量为 50~100 微克，每天 1 次，每个疗程 3~4 天。1 个疗程处理后 10 天仍未见发情的，可再次处理。

第三节　掌握超数排卵与诱导双胎技术

一、超数排卵

超数排卵简称超排，即在母畜发情周期的适当时间注射促性腺激素，使卵巢比自然状况下有更多的卵泡发育并排卵。

1. 超排的意义

（1）**诱发产双胎**　牛 1 个发情周期一般只有 1 个卵泡发育成熟并排卵，受精后只产 1 犊。进行超排处理，可诱发多个卵泡发育，增加受胎比例，提高繁殖率。

（2）**胚胎移植的重要环节**　只有得到足量的胚胎才能充分发挥胚胎移植的实际作用，提高应用效果。所以，对供体母畜进行超排处理已成为胚胎移植技术程序中不可或缺的一个环节。

2. 超排的方法

用于超排的药物大体可分为两类：一类促进卵泡生长发育，另一类促进排卵。前者主要有孕马血清促性腺激素和促卵泡素；后者主要有人绒毛膜促性腺激素和促黄体素。超数排卵的方法目前主要有以下几种。

（1）**使用促卵泡素（FSH）进行超排**　在牛发情周期的第 9~13 天的任意一天开始注射 FSH，以后以递减剂量的方式连续肌内注射 4 天，2 次/天，每次间隔 12 小时，总剂量需按牛的体重做适当调整。在第 1 次注射 FSH 后的 48~60 小时之内，肌内注射 1 次 PGF_{2a} 2~4 毫升，也可采用子宫灌注的方法，剂量减半。

（2）**使用孕马血清促性腺激素（PMSG）进行超排**　在发情周期第 11~13 天中的任意一天肌内注射 PMSG，注射 1 次即可。在注射 PMSG 后 48~60 小时，肌内注射 1 次 PGF_{2a} 2~4 毫升。当母牛出现发情后 12 小时再肌内注射抗 PMSG，剂量以能中和 PMSG 的活性为准。

（3）**采用 CIDR 和 FSH 联合超排**　CIDR（孕酮阴道硅胶栓）是调控动物发情的药物。具体用法是：在母牛的阴道内插入阴道栓，并在埋栓的第 9 天开始注射 FSH，连续 4 天；第 11~12 天撤栓；在撤栓前 24 小时内注射前列腺素；在撤栓后的第 2 或第 3 天，结合观察发情表现，间隔 12 小时输精 2 次。

(4) 采用 FSH + PVP（聚乙烯吡咯烷酮）+ PGF$_{2a}$ 联合用药法　在牛发情的第 9~13 天 1 次肌内注射 FSH-R（30 毫克 FSH 溶解在 10 毫升 30% 的 PVP 中），隔 48 小时后肌内注射 PGF$_{2a}$，再经过 48 小时后人工授精。由于 PVP 是大分子聚合物（相对分子质量为 40000~700000），用 PVP 作为 FSH 的载体，和 FSH 混合注射，可使 FSH 缓慢释放，从而延长 FSH 的作用时间，一次性注射 FSH 即可达到超排的目的。研究表明，FSH 制剂用 PVP 溶解进行一次性注射超排时，其在母牛体内的半衰期可延长到 3 天，而溶解在盐水中进行一次性注射超排时，其半衰期仅为 5 小时左右。用此法不但可延长 FSH 的半衰期，增加 FSH 的作用效果，而且一次性注射还可有效避免母牛产生应激反应，是较理想的超排方法，只是该方法目前还不太成熟。

二、诱导双胎技术

1. 母牛扩繁的市场需求

目前我国肉牛产业发展的瓶颈是繁殖母牛存栏不足。繁殖母牛数量急剧下降已经成为我国肉牛业可持续发展的最大障碍，因此，充分利用有限繁殖母牛进行肉牛繁殖的新型繁育技术对肉牛产业发展非常重要。

肉牛的一胎双犊自然发生率因牛品种不同而异，西门塔尔牛为 5.2%，夏洛来牛为 6.6%，我国黄牛为 0.5%~3.0%，牛一胎双犊的遗传力很低，目前通过选种以提高双胎率的尝试尚未取得突破，诱导双胎技术还处在试验阶段。诱导一胎双犊的方式主要有激素方法和人工授精后胚胎移植方法。激素法指应用一定剂量的孕马血清促性腺激素（PMSG）、氯前列烯醇、促卵泡素（FSH）、人绒毛膜促性腺激素（HCG）、促性腺激素释放激素类似物（LRH-A$_3$）等，通过不同的组合和程序，诱导母牛产生双卵并同时排放，经人工授精或本交而生成双胎。

2. 肉牛双胎生产技术应用的可行性

（1）母牛的生理特征有利于进行双胎生产　母牛在自然状态下

为单胎生殖，但其具有双卵巢和双子宫角。双卵巢和双子宫角在生殖方面具有相同的功能。这一繁殖特性为采用人工辅助技术进行双胎生产奠定了良好的生理基础。

（2）双胎牛的后代生长发育正常　自然双胎和人工辅助双胎犊牛的初生重比单胎牛小，通过哺乳期和青年期培育，商品化阶段体重与单胎牛基本一致。一胎双犊的初生重、1月龄重、3月龄重与单胎犊牛相比，均显著或极显著低于后者，但6月龄时两者体重无差异。6月龄时单犊与双犊体重无明显差异，可能是因为3月龄后犊牛对饲草饲料等的消化功能增强、采食量增加，使日增重快速增长。

（3）双胎生产的理论和技术有一定基础　双胎生产的理论基础是生殖激素调控技术、人工授精技术、超数排卵技术、胚胎移植技术和性别控制技术，通过这些成熟技术的组装配套可达到人工辅助双胎生产的目的。

3. 诱导双胎的方法

（1）遗传选择法　肉牛的双胎性状可由其基因型决定，因而双胎性状是可以遗传的，但母牛双胎的遗传力很低。因此，积极引进携带双胎基因的肉牛品种用于育种和改良整体牛群，通过杂交、后裔测定、分子遗传标记等方法和手段，确定该性状的遗传模式，并分离、固定、转移双胎基因，改变肉牛繁殖性能，具有十分重要的现实意义和巨大的潜在经济效益。

（2）促性腺激素法　应用外源促性腺激素诱发母牛卵巢的多个卵泡发育并排出具有受精能力的卵子，这种方法称为超数排卵。超数排卵的效果受肉牛遗传特性、体况、营养、年龄、发情周期的阶段、产后时期的长短、卵巢功能、季节以及激素制品的质量和用量等多种因素的影响。肉牛超数排卵常用的激素有孕马血清促性腺激素（PMSG）、促卵泡素（FSH）等。

（3）生殖激素免疫法　生殖免疫是现代高新生物工程技术，是在免疫学、生物化学、内分泌学等学科基础上兴起的技术。生殖免疫的基本原理是以生殖激素作为抗原对动物进行主动或被动免疫，中和其体内相应的激素，使其体内某些激素的水平发生改变，从而引起生殖内分泌的动态平衡发生定向移动，引起母牛的各种生理变化，达到人为控制生殖的目的。在人工诱导母牛双胎的生产中，经常使用促性腺激素、甾体激素和抑制素作为免疫原。

（4）胚胎移植法 利用胚胎移植技术向已输精母牛黄体同侧或对侧追加1枚同日龄胚胎，或向发情母牛两侧子宫角各移1枚或向一侧移2枚同期化胚胎，使母牛怀双胎。

4. 肉牛双胎生产需注意的问题

牛的双胎性受很多因素的影响，只有在适宜的环境条件下才能表现为双胎的表型。另外，双胎生产过程对繁殖母牛的生殖机能进行了干预，容易出现子宫感染、多胎综合征、卵巢囊肿和黄体囊肿、流产、早产、犊牛成活率低等情况。存在的这些问题需用集成配套技术手段解决，且在推广应用前应选择在有条件的规模养殖场试验示范，完善相关技术操作规程后再在生产中应用。

5. 肉牛双胎生产集成技术应用展望

双胎生产是对肉牛繁育体系的补充，也是突破繁殖母牛数量瓶颈的有效手段。肉牛双胎生产受胎率可达30%～45%，是自然双胎的50倍，相当于将适于实施单胎生产母牛的数量提高了30%～45%，可有效提高母牛繁殖率。

若每头母牛用药成本控制在200元，按30%的双胎率计算，双胎生产成本可以控制在500～1000元，断奶犊牛市场售价可达5000～8000元/头。

肉牛双胎繁育技术的成熟及推广应用将是当代肉牛产业转型过程中的新亮点。本方法对操作技术要求高，是一种高技术、高投入、高效益的肉牛繁育技术，在生产中可以规模化推广应用。

第四节 掌握胚胎移植技术

一、胚胎移植的定义及意义

选用良种母牛通过激素的处理，使其卵巢上有多个卵泡生成（也就是进行超数排卵），再用优秀的种公牛精液进行人工授精，然后将受精后的早期胚胎从子宫里取出,分别移植到多头生理状态相同的仅有一般生产性能的母牛子宫内让其怀孕,最后产出多头优良后代,这就是通常所说的"借腹怀胎"。胚胎移植示意图如图5-1所示。

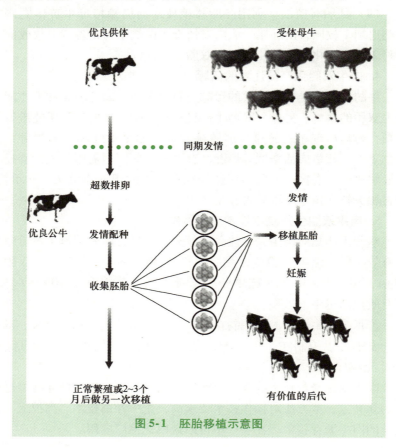

图5-1 胚胎移植示意图

牛是单胎动物,自然状态下1胎只能产1头犊牛,若按照牛繁殖年龄10岁计算,其一生最多只能留下7~8个后代,而利用胚胎移植技术可以克服自然条件下动物繁殖周期和繁殖效率的限制,其繁殖后代的速度是自然状态下的十几倍甚至几十倍,从而快速增加良种牛的数量。胚胎移植技术在生产上的意义主要有以下3个方面:一是能充分发挥良种母牛的繁殖潜力;二是可以加快牛群质量的改良,加速良种牛数量的增长，在生产上能够较快、较多地获得优良后代；三是缩短种公牛选育时间。

二、胚胎移植的生理基础及操作原则

1. 胚胎移植的生理基础

（1）**母牛发情后生殖器官孕向发育** 牛发情后，卵巢处于黄体期，无论卵子是否受精，母牛生殖系统均处于卵子受精后的生理状态之下，为妊娠做准备，即母牛生殖器官孕向发育。母牛生殖器官的孕向发育使不配种的受体母牛可以接受胚胎，并为胚胎发育提供各种主要生理条件。

（2）**早期胚胎呈游离状态** 胚胎在发育早期有相当一段时间（附植之前）是独立存在的，未和子宫建立实质性联系，在离开母体后能短时间存活，放回与供体相同的环境中，即可继续发育。

（3）**胚胎移植不存在免疫问题** 一般在同一物种之内，受体母畜的生殖道（子宫和输卵管）对于具有外来抗原物质的胚胎和胎膜组织并没有免疫排斥现象，这一点对胚胎由一个个体移植给另一个体后的继续发育极为有利。

（4）**受体不影响胚胎的遗传基础** 虽然移植的胚胎和受体子宫内膜会建立生理上和组织上的联系，从而保证以后的正常发育，但受体并不会对胚胎产生遗传上的影响，不会影响胚胎固有的优良性状。

2. 胚胎移植的操作原则

1）胚胎移植前后所处环境要保持一致，即胚胎移植后的生活环境和胚胎的发育阶段相适应。

2）胚胎收集和移植的期限（胚胎的日龄）不能超过周期黄体的寿命，最迟要在周期黄体退化之前数日进行移植。通常是在供体发情配种后3~8天内收集和移植胚胎。

3）在全部操作过程中，避免胚胎受到任何不良因素（物理、化学或微生物）的影响而危及生命力。移植的胚胎必须经鉴定并认为是发育正常者。

三、胚胎移植的基本程序

胚胎移植的基本程序包括供体超排与配种、受体同期发情处理、采胚、检胚和移植。关于超排和同期发情处理前面已经介绍,下面只介绍采胚、检胚和移植。

1. 采胚(彩图31)

胚胎的收集是利用冲胚液将胚胎从生殖道中冲出,并收集在器皿中。由供体收集胚胎的方法有手术法和非手术法两种。目前一般用非手术法。

冲胚一般在输精后6~7天进行,采用三路式导管冲胚管。它由带气囊的导管与单路管组成,导管中一路用于气囊充气,另一路用于注入冲卵液,第三路用于回收冲卵液。冲胚示意图如图5-2所示。

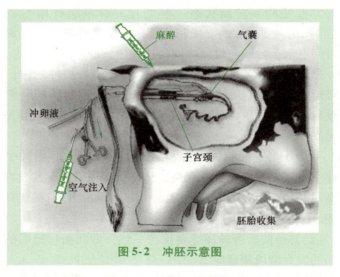

图5-2　冲胚示意图

1)洗净外阴部并用酒精消毒。用扩张棒扩张子宫颈,用黏液抽吸棒抽吸子宫颈黏液。

2)用2%普鲁卡因或5毫升利多卡因,在荐椎与第一尾椎结合处或第一尾椎与第二尾椎结合处施行硬膜外腔麻醉,以防止子宫蠕动及母牛努责不安。

3)通过直肠把握法,把带钢芯的冲胚管慢慢插入子宫角,当冲胚管到达子宫角大弯处时,由助手抽出钢芯5厘米左右;继续把冲胚管向前推,当钢芯再次到达大弯处时,再把钢芯向外拨5~10厘米;

继续向里推进冲胚管，直到冲胚管的前端到达子宫角前 1/3 处为止。

4）从充气管向气囊充气，使气囊胀起堵着子宫角，以防止冲胚液倒流，固定后抽出钢芯，然后向子宫角注入冲胚液，每次 20~50 毫升，冲洗 5~6 次，并将冲胚液收集在带漏网的集卵杯内。为充分回收冲胚液，在最后一两次时可在直肠内轻轻按摩子宫角。最后一次注入冲胚液的同时注入适量空气有利于液体排空。

5）冲完两侧子宫后，将气球内的空气放掉，把冲卵管抽回至子宫体，直接从冲卵管灌注稀释好的抗生素和前列腺素，再拔出冲胚管。

2. 检胚

（1）检胚 将收集的冲卵液于 37℃温箱内静置 10~15 分钟。胚胎沉底后，移去上层液。取底部少量液体移至平皿内，静置后，用实体显微镜，先在低倍镜（10~20 倍）下检查胚胎数量，然后在高倍镜（50~100 倍）下观察胚胎质量（彩图 32）。

（2）吸胚 吸胚是为了移取、清洗、处理胚胎，要求目标正确、速度快、带液量少、无丢失。吸胚可用 1 毫升的注射器装上特别的吸头进行，也可使用自制的吸胚管。

（3）胚胎质量鉴定 正常发育的胚胎，其中的细胞（卵裂球外形速度）大小一致，分布均匀，外膜完整。无卵裂现象（未受精）和异常卵（透明带破裂、卵裂球破裂等）都不能用于移植。用形态学方法进行胚胎质量鉴定，将胚胎分为 A、B、C 3 个等级，A 级胚胎用于移植。发育良好的胚胎如图 5-3 所示。

（4）装管 胚胎管使用 0.25 毫升细管。进行鲜胚移植时，先吸入少许培养液，吸入 1 个气泡，然后吸入含胚胎的少许培养液，再吸入 1 个气泡，最后再吸取少许培养液。

3. 移植胚胎

移植胚胎一般在受体母牛发情后第 6~7 天进行。移植前需进行麻醉，通常用 2% 普鲁卡因或 5 毫升利多卡因，在荐椎与第一尾椎结合处或第一尾椎与第二尾椎结合处施行硬膜外腔麻醉。将装有胚胎的吸管装入移植枪内，用直肠把握法将移植枪通过子宫颈捅入子宫角深部，注入胚胎。应将胚胎移植到有黄体一侧子宫角的上 1/3~1/2 处，如果有可能则越深越好。非手术移植要严格遵守无菌操作规程，以防生殖道感染。非手术法移胚示意图如图5-4所示。

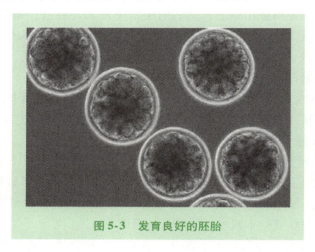

图5-3　发育良好的胚胎

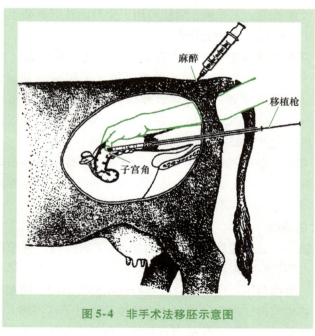

图5-4　非手术法移胚示意图

第六章
加强繁殖管理,提高母牛繁殖力

第一节　繁殖管理方面的误区

一、日常繁殖记录不完善

牛场日常繁殖记录不完善、不规范,没有基础数据就没法进行繁殖力测定,就会影响繁殖管理的效率。繁殖管理人员要及时记录母牛的发情情况、配种情况、妊娠诊断情况、产犊情况等,以供数据分析使用。

二、没有制订繁殖计划

没有制订繁殖计划,而是随着母牛自然发情进行配种,这样不利于繁育工作的开展,容易出现盲目配种、过度杂交,造成牛的血统混乱、杂种优势退化等不良现象。最好是按照一定的目的,提前做好繁殖计划,然后按照计划有步骤地进行繁殖工作。

三、重视繁殖技术而忽视母牛的日常饲养管理

在繁殖管理工作中,许多人相对比较重视繁殖技术问题,如发情鉴定、人工授精和妊娠诊断等,但忽视了母牛的日常饲养管理。母牛如果营养不良,则其发情可能会不明显,即使发情配种后受胎率往往也比较低。孕牛如果营养不良,或管理不当,比如喝冰碴水、地面结冰湿滑致使牛摔倒等,都容易导致孕牛流产的发生。所以,提高繁殖效率不仅是繁殖人员的工作,还要动员全场员工共同努力,把牛饲养好、管理好。

四、不重视种公牛的饲养管理

繁殖效率的提升,不仅是母牛的问题,和公牛关系也很大,如果

公牛（或冻精）品系选得不好，和母牛配种时，后代改进效果可能不太显著。如果公牛体型太大，母牛体型又比较小，又会导致母牛难产率上升。如果公牛饲养管理不当，会引起公牛精液品质下降，甚至带来疾病的传播。

第二节　做好母牛繁育场的繁殖管理

一、加强繁殖管理

母牛繁育场的繁殖管理就是保证母牛妊娠、分娩、泌乳、再妊娠，使繁育母牛头数增加，品质提高。

1. 做好繁殖记录

母牛繁殖管理的一个主要工作是做好繁殖记录，并做到每头牛1张卡片。具体的繁殖记录包括以下几方面。

（1）发情记录　发情记录包括发情日期、开始时间、持续时间、性欲表现和阴道分泌物状况等。

（2）配种记录　配种记录包括配种日期、第几次配种、与配公牛号、输精时间、输精量（或输精次数）、精子成活率、子宫和阴道健康状况、排卵时间和配种人员等。

（3）妊娠记录　妊娠记录包括妊娠日期、结果、处理意见和预产期等。

（4）流产记录　流产记录包括胎次、配种日期、与配公牛、不孕症史、配种时子宫状况、流产日期、妊娠月龄、流产类型、流产后子宫状况、处理措施、流产后第1次发情日期、第1次配种日期和妊检日期等。

（5）产犊记录　产犊记录包括胎次、与配公牛、产犊日期、分娩情况（顺产、接产、助产）、胎儿情况（正常胎儿、死胎、双胎、畸形）、胎衣情况、母牛健康状况、犊牛性别、编号和体重等。

（6）产后监护记录　产后监护记录包括分娩日期、检查日期、检查内容、临床状况、处理方法和转归日期等。

（7）兽医诊断及治疗记录 兽医诊断及治疗记录包括各种疾病和遗传缺陷。

2. 制订配种产犊计划

制订配种产犊计划，可以明确一年内各月参加配种的母牛数和分娩母牛数，便于组织和计划生产，是完成繁殖任务、调节生产需要、制订育种计划以及提高养牛业经济效益的必要管理措施。配种产犊计划包括牛号、胎次、年龄、生产性能、产犊日期、计划配种日期、实际配种日期、与配公牛和预产期等。

母牛的产犊通常有均衡性分娩和季节性分娩两种类型。均衡性分娩是指各月份均有母牛分娩，一年中各月份分娩母牛较均衡；季节性分娩是指集中在某季节分娩，如春季或秋季。具体采用哪一种配种产犊计划，应根据不同生产方向、气候条件、饲料供应、产品需求及育种方向和母牛特点而定。

3. 日常繁殖管理工作

1）母牛繁育场要建立繁殖管理板，有条件的牛场要进行计算机管理，这样可使全场每头母牛产犊、配种、妊娠等时间和预期基本情况（如犊牛和育成牛的日龄、月龄以及全群各类牛的组成）一目了然，非常实用。

2）要随时了解牛群的繁殖情况，通过计算第一情期受胎率、总受胎率、繁殖率等有效方法分析总结繁殖成绩，从而掌握母牛的营养、健康、生殖状况以及配种员的技术水平，并与设置的管理指标对比，可进行绩效管理。

3）建立繁殖记录制度。建立繁殖月报、季报和年报制度，并要求配种技术员或兽医工作者进行下列生殖道检查工作。

① 母牛产后 14～28 天检查 1 次子宫复位情况，对子宫恢复不良的母牛连续检查，直到可以配种为止。

② 对阴道分泌物异常的牛和发情周期不正常的牛，应进行记录，并给予治疗。

③ 断奶后 30 天以上不发情的牛，应查明原因，予以治疗。

④ 对配种 60 天以上的牛进行妊娠检查。

二、做好母牛繁殖力评定

母牛的繁殖能力主要是指生育后代的能力和哺育后代的能力。它与性成熟的迟早、发情周期正常与否、发情表现、排卵多少、卵子受精能力、妊娠和泌乳量高低等有密切关系。母牛繁殖率多采用受胎率、繁殖率、成活率、产犊指数、繁殖成活率等指标表示。

1. 受配率

规模化肉牛繁育场母牛受配率应在95%以上。

2. 受胎率

(1) 情期受胎率 情期受胎率一般要求达到55%以上。

(2) 第一情期受胎率或一次情期受胎率 育成牛的第一情期受胎率一般要求达65%~70%。

(3) 年总受胎率 年总受胎率要求大于85%,管理好的母牛繁育场(户)可达到95%以上。

3. 配种指数

配种指数是反映配种受胎的另一种表达方式,一般要求为1.5~1.7。

4. 产犊率

产犊率应在90%以上。

5. 繁殖率

繁殖率主要反映牛群繁殖效率,与发情、配种、受胎、妊娠、分娩等生殖活动机能及管理水平有关。母牛标准化养殖场或牧场的繁殖率要达到80%以上。

6. 犊牛成活率

犊牛成活率反映母牛的泌乳力、带犊能力及饲养管理成绩。母牛标准化养殖场犊牛成活率应达到95%以上。

7. 繁殖成活率

该指标可反映发情、配种、受胎、妊娠、分娩、哺乳等生殖活动机能及管理水平,是衡量繁殖效率最实际的指标。

8. 产犊间隔

由于妊娠期是一定的,因此,提高母牛产后发情率和配种受胎率是缩短产犊间隔、提高牛群繁殖力的重要措施。年平均产犊间隔不应大于 400 天,管理好的母牛繁育场(户)产后第 1 次配种时间为 35~55 天。

第三节　掌握提高母牛繁殖力的措施

一、影响母牛繁殖力的因素

1. 遗传因素

这是影响家畜繁殖率的主要因素,不同品种有差异,同一品种不同个体间也有差异。繁殖性状的遗传力较低,大多在 0.1 左右;产犊间隔的遗传力是 0.10~0.15;受胎率的遗传力是 0~0.15;母性能力遗传力是 0.40;牛双胎遗传力也很低。

2. 营养因素

营养水平对母牛的繁殖力有直接或间接两种作用。直接作用可引起性细胞发育受阻和胚胎死亡等,间接作用通过影响生殖内分泌活动而影响生殖活动。饲料能量不足不但影响幼龄母牛的正常生长发育,而且会推迟牛的性成熟和适配年龄。如果饲料中缺乏矿物质,尤其是磷,则会推迟性成熟。北方地区缺乏硒,易引起青年牛初情期推迟,成年母牛不发情、发情不规律。钙缺乏能导致骨质疏松、胎衣不下、产后瘫痪等。其他微量元素,如碘、钴、铜、锰等,也不可缺少。饲料中维生素 A 不足,容易造成母牛流产、死胎和弱胎,还常发生胎衣不下。

3. 环境因素

在自然环境中,光照、温度的季节性变化对牛有一定的刺激作用,通过生殖分泌系统引起生殖生理的反应,对繁殖力产生影响。母牛在炎热的夏季配种受胎率降低。由于气温升高,公牛睾丸及附睾温度上升,影响公牛正常的生殖能力和精液品质,也影响繁殖力。

(1) 温度和湿度　我国南北方自然气候环境相差很大,对母牛养殖的影响也会各有差别,但重点仍是以夏季防暑降温和冬季防寒保暖为主。无论是高温还是低温,都会造成母牛的繁殖能力下降,抑制母牛发情排卵功能,使受胎率下降,母牛的繁殖周期延长,饲养成本

提高。

(2) **气流** 新鲜的空气是促进母牛新陈代谢的必需条件,并可减少疾病的传播。气流对母牛生产和犊牛影响较大。

(3) **尘埃、有害气体和噪声** 牛的呼吸、排泄以及排泄物的腐化分解,不仅使舍内空气中的养分减少、二氧化碳增加,而且产生了氨气、硫化氢、甲烷等有害气体,对牛的健康和生产都有极其不利的影响。在敞篷、开放式、半开放式牛舍中,空气流动性大,所以牛舍中的空气成分与大气中的空气成分差异很小。而封闭式牛舍中,如设计不当或管理不善,会由于牛的呼吸、排泄物的腐败分解,使空气中的氨气、硫化氢、二氧化碳等增多,影响母牛生产力。

舍外传入、舍内机械产生的种种噪声,还有牛自身产生的噪声,对牛的休息、采食、增重等环节都有不良影响。

(4) **饲养密度** 牛舍内每头牛的平均面积要达到 3.5 米^2,活动场每头牛的平均面积要达到 10~15 米^2。

4. 冻精质量与输精技术的因素

精液品质不佳不仅影响母牛的受胎率,而且易造成母牛生殖疾患。输精技术水平是影响繁殖率的重要因素。对发情母牛输精时间掌握不当,或对母牛早期妊娠诊断不及时、不准确,而失去复配机会,都会影响母牛的受胎率。

5. 疾病因素

生殖系统的疾病直接影响正常繁殖机能,如卵巢疾患导致不能排卵或排卵不正常,生殖道炎症直接影响精子与卵子的结合或结合后不发育。

【注意】

如果采用自然交配,更应注意疫病的传播问题,如布氏杆菌病可以通过交配传播,母牛感染布氏杆菌病时易引起流产、不孕等多种症状,严重影响繁殖效率。

二、提高母牛繁殖力的措施

1. 加强母牛的饲养管理

(1) **合理配制母牛日粮** 营养是影响母牛繁殖力的重要因素,

因此，要依据不同的阶段，调整营养结构和饲料供给量。营养水平过高也可引起繁殖障碍，主要表现为性欲降低、交配困难。如果母牛过度肥胖，可导致胚胎死亡率增加、犊牛成活率降低。对初情期的牛，应注重蛋白质、维生素和矿物质营养的供应，以满足其性机能和机体发育的需要。青饲料供应对于非放牧的青年牛很重要，应尽可能给初情期前后的牛供应优质的青饲料或牧草。

利用当地农副产品饲喂时，应由专家对农副产品的营养价值和副作用进行分析指导，对加工副产品，还要了解其生产加工工艺。如饲料中缺硒会影响母牛的妊娠率并易造成流产。处于严重缺硒的地区，无论放牧或舍饲，都需另外补充一定量的微量元素硒。母牛饲料中的非蛋白氮含量过高会影响母牛的繁殖性能，在饲料中添加尿素时应控制好比例。

（2）加强环境控制 养牛业的生产效益不仅取决于牛的品种和科学的饲养管理，也取决于牛的饲养环境。牛舍的标准化设计和环境控制是目前我国养牛业向高层次发展的重要环节。就饲养环境影响来讲，最直接的就是冬季的温度控制和夏季的防暑降温问题。除牛舍的温度外，环境因素还有牛舍的湿度、有害气体、饲养密度、采光、风速、噪声与灰尘等。

① 温度和湿度。牛抵抗高温的能力比较差，尤其是母牛，为了消除或缓和高温对牛的有害影响，必须做好牛舍的防暑降温工作。饲养母牛的温度范围为 5~21℃，这虽然可以保证母牛正常生长发育，但是为了促进母牛快速生长，提高饲料报酬率，最适宜的温度为 10~15℃，适宜湿度为 50%~70%，最高不要超过 75%，可在牛舍内挂一个温湿度表来准确测定。

② 气流。气流对母牛生产和犊牛影响较大，牛体周围气流风速应控制在 0.3 米/秒左右，最高不超过 0.5 米/秒。一般以饲养人员进入牛舍内感觉舍内空气流畅、舒适为宜。

③ 尘埃、有害气体和噪声。在封闭的牛舍内，保持空气中二氧化硫、二氧化碳、总悬浮物颗粒、吸入颗粒等各项指标符合空气环境质量良好等级，以减少呼吸道疾病的发生，促进母牛的生长和繁殖。

牛舍中二氧化碳含量不超过 0.25%，硫化氢不超过 0.001%，氨气不超过 0.0026 毫克/升。一般要求牛舍的噪声白天不超过 90 分贝，夜间不超过 50 分贝。现代工厂化养牛应选用噪声小的机械设备或带有消声器的设备。

（3）保证饲料质量与安全 某些饲料本身存在对生殖有毒性作用的物质，如部分植物中存在植物雌激素，可引起母牛卵泡囊肿、持续发情和流产等；棉籽饼中含有的棉酚会影响母牛受胎、胚胎发育和胎儿成活等。所以，在饲养中应尽量避免使用或少用这类饲料和牧草。

此外，饲料生产、加工和储存等过程中也可能产生对生殖有毒、有害的物质。如饲料生产过程中残留的某些除草剂和农药，饲料加工不当所引起的某些毒素（如亚硝酸钠）以及贮藏过程中产生的毒素（如玉米腐败产生的黄曲霉毒素），淀粉厂生产的粉渣中含有硫化物，均对卵子和胚胎发育有不利影响。

（4）加强母牛日常管理 在管理上要保证繁殖牛群得到充足的运动和合理的日粮安排，加强妊娠母牛的管理，防止流产。改善牛舍的环境条件，保持空气流通。要注意母牛发情规律的记录。加强对流产母牛的检查和治疗。对于配种后的母牛，应及时检查受胎情况，以便做好补配和保胎工作。

（5）保持合理的牛群结构 基础母牛占牛群的比例，肉牛与乳肉兼用牛为 40%~60% 比较合理。过高的生产母牛比例往往使牛场后备牛减少，影响牛场的长远发展；但过低的生产母牛比例，又会影响牛场当时的生产水平，影响生产效益。

2. 加强母牛的繁殖技术管理

（1）提高母牛受配率

① 确定合理的初配年龄，维持正常的初情期。

② 做好母牛的发情观察。牛发情的持续时间短，约 18 小时，25% 的母牛发情症候不超过 8 小时，而下午到翌日清晨前发情的要比白天多，发情爬跨的时间大部分在 18：00 至翌日 6：00，特别在晚上 20：00 到凌晨 3：00 之间，爬跨活动最为频繁。约 80% 的母牛排

卵在发情终止后 7~14 小时，20% 的母牛早排卵或迟排卵。

③ 及时检查和治疗不发情母牛。充分利用直肠检查法、超声诊断法、孕酮水平测定法、妊娠相关糖蛋白酶联免疫测定法、早孕因子诊断法等先进的早期妊娠诊断技术，及早发现空怀牛，及时进行配种。针对各种不孕症和子宫炎，制订科学的治疗方案，积极进行治疗。

（2）提高受胎率

① 要掌握科学合理的饲养管理技术。

② 注重提高公牛的精液质量。采取自然交配方式的养殖场（户），要掌握种公牛的饲养管理技术。

③ 做到适时输精，具体参见第三章第三节相关内容。

④ 要熟练掌握输精技术。采用直肠把握子宫颈输精法比开膣器输精法能提高受胎率 10% 以上，但操作技术的好坏对受胎率影响很大。在操作过程中要掌握技术要领，做到"适深、慢插、轻注、缓出，防止精液倒流"。人工输精的部位要准确，一般以子宫颈深部到子宫体为宜。在操作过程中要细心、认真，动作柔和，严防粗暴，以免损伤母牛生殖道。在输精过程中，良性刺激，母牛努责少，精液逆流减少，有助于提高受胎率；恶性刺激则不利于提高受胎率。刺激的性质与输精的手段、输精时间长短有关。在输精时可进行阴蒂按摩，有助于提高受胎率，完成输精时间以 1~3 分钟为宜，超过 3 分钟受胎率下降。输精员在实施人工输精时要切实做好消毒卫生工作，防止人为地将大量细菌带入母牛的子宫内，引起繁殖障碍性疾病。

⑤ 要积极治疗子宫疾患，提高受胎率。

⑥ 学习了解一些提高受胎率的技巧。对患有隐性子宫内膜炎的母牛，在发情配种前或后几小时，向子宫内注入青霉素 40 万~100 万单位、链霉素 100 万单位，可提高受胎率。输精后 15~20 分钟，肌内注射维生素 E 500 毫克，可明显提高情期受胎率。在输精的当天、输精后的第 5~6 天，肌内注射维生素 A、维生素 D、维生素 E 效果更好。在母牛输精或交配后 5~7 分钟内注射催产素 100 单位可提高受胎率。

（3）降低胚胎死亡率 注重饲养管理，实行科学饲养，保证母体及胎儿的各种营养需要，避免营养不良或温度过高以及热应激等环境因素造成母体内分泌失调和体内生理环境变化。不喂腐烂变质、有强烈刺激性气味、霜冻等料草和冰冷饮水。防止妊娠牛受惊吓、鞭打、滑跌、拥挤和过度运动，对有流产史的牛更要加强保护措施，必要时可服用安胎药或注射黄体酮保胎。

（4）提高犊牛成活率 要努力保证犊牛（大约7个月时间）不发生意外或疾病死亡。要对新生犊牛加强护理，如产犊时及时消毒、擦净犊牛口端黏液、卫生断脐、让其及时吃上初乳等。要注意母牛的饲养，保证有足够营养来生产牛奶供犊牛食用。此外，还要做好牛舍消毒工作，使犊牛不会食入不清洁的草料。冬季产房要保暖，使犊牛不会遭受贼风吹袭。早食饲草对犊牛的健康生长有利，应在出生后2周就训练其采食饲草。哺乳期如发现犊牛有病，要及时诊治，以免造成不应有的损失。

3. 提高种公牛的繁殖机能

（1）成年种公牛的饲养 5岁以上的种公牛已不再生长，为了保持种公牛的种用膘情（即中上等膘情）而不使其过肥，能量可以维持需要即可。当种公牛配种次数频繁时，应增加蛋白质的供给。磷对公牛是很重要的，如精饲料喂量少时必须补磷。维生素A是种公牛所必须和最重要的维生素。日粮中如果缺少维生素A，就会影响精子的形成，使精子数量减少，畸形精子数量增加，也会影响精液品质和精子活力及种公牛的性欲，在粗饲料品质不良时，必须补加。

种公牛的粗饲料应以优质干草为主，搭配禾本科牧草，而不用酒糟、秸秆、果渣及粉渣等粗饲料，青贮料虽属生理碱性饲料，但因其含有较多的酸，对种公牛应限量，控制在10千克以下，并和干草搭配饲喂，以干草为主。冬春季节可用胡萝卜补充维生素A。要注意合理利用多汁饲料和秸秆饲喂种公牛。精饲料中的棉籽饼、菜籽饼有降低精液品质的作用，不宜做种公牛饲料，豆饼虽富含蛋白质，但它是生理酸性饲料，饲喂过多易在体内产生大量有机酸，对精子形成不利，因此应控制饲喂量。

采用本交或人工授精的种公牛，会有配种淡季和旺季。在配种旺季到来前两个月就应加强饲养，因为精子从睾丸中形成到到达附睾尾准备射精要经过 8 周的成熟过程。在精子形成时饲养合理就可提高精子活力和受精率。肉用牛配种旺季一般在春季或早夏，在配种旺季到来之前正处冬季，要使公牛在配种旺季达到良好的膘情，就应加强冬季的饲养。种公牛一般日喂 3 次，如有季节性配种，则淡季可改喂 2 次。

（2）成年种公牛的管理　对种公牛来说保证其适当运动是一项重要的管理工作。适当的运动可保持种公牛的肌肉、韧带、骨骼的健康，防止肢蹄变形，使牛活泼，性情温驯，性欲旺盛，精液品质优良，又可防止牛变肥。

对待公牛须严肃大胆，谨慎细心。公牛从小就应养成听人指引和接近人的习惯，任何时候不能逗弄公牛，以免使其形成顶人恶习。饲喂公牛或牵引公牛运动或采精时，必须注意公牛的表现，当公牛用前蹄刨地或用角擦地时，就是准备角斗的行为，应防止发生危险。

牛的造精机能和精液特性随着季节的变化而变化。牛处在高温环境中对其造精机能的干扰是很大的。在盛夏公牛精液的受胎率低。如将公牛放在 30℃条件下，经数周后就会引起睾丸和阴囊皮温上升（据试验阴囊皮温和睾丸温度比体温高 3～4℃），这种高温的刺激常造成精子数目减少，畸形精子增加，精子活力下降，严重者根本没有精子。温度越高，持续时间越长，对精子伤害越大。因此，夏季通过遮阳、身上喷雾、水浴、吹风等措施给予降温非常重要。

（3）种公牛的合理利用

① 合理利用种公牛是保持其健康和延长使用年限的重要措施。成年公牛在冬春季节每周采精 3～4 次，或每周采精 2 次，每次射精 2 次。夏季一般只采 1 次，可提到早晨采精。通常在喂后 2～3 小时采精，最好每天早晚进行。种公牛一般 6 岁以后繁殖机能减退，3～4 岁种公牛的精液受胎率最高，以后每年以 1% 的比率下降。

② 在进行人工辅助交配时，一头公牛每天只允许配 1～2 头母牛。连续 4～5 天后，休息 1～2 天。青年公牛配种量减半。不能与有

病牛配种。配种前母牛先排尿，配种后捏一下母牛背腰，立即驱赶其运动。

③ 在自然条件下，公、母牛混合放牧，直接交配时，为了保证受孕，公、母牛比例一般为1：(20~30)；公牛要有选择，不适于种用的应去势；小牛和母牛要分开，防止早配；要注意公、母牛的血缘关系，防止近交衰退现象。

④ 在放牧配种季节，要调整好公、母牛比例。当一个牛群中使用数头公牛配种时，青年公牛要与成年公牛分开。在一个大的牛群当中，以公牛年龄为基础所排出的次序会影响配种头数的多少。有较多后代的优势公牛不一定有最高的性驱使能力，也不完全是牛群中个体最大、生长最快的。因此在公牛放牧配种时，要进行轮换，特别对1岁公牛，每10~14天休息3~4天。

4. 推广繁殖新技术

(1) 提高母牛利用率的技术　目前母牛的发情、配种、妊娠、分娩、犊牛的断奶培育等各个环节都已有较为成熟的控制技术。如冷冻精液、人工授精、同期发情、超数排卵、冷冻胚胎、胚胎移植、诱发双胎、活体采卵、性别控制、诱导分娩等，都可以快速提高良种母牛的繁殖效率。

(2) 母牛生殖机能检测技术

① 卵巢活动的监测。外周血液中的孕酮水平会随着繁殖阶段而变化，可以通过检测体内孕酮水平的变化监测卵巢活动状况。

② 卵巢、子宫状况的检测。可使用腹腔内窥镜、超声波检查等。

(3) 早期妊娠诊断技术　应用早期妊娠诊断技术可及早发现空怀牛，及时进行配种。常用的诊断技术包括直肠检查法、超声诊断法、孕酮水平测定法、妊娠相关糖蛋白酶联免疫测定法、早孕因子诊断法等。

5. 控制繁殖疾病

(1) 调查牛群繁殖疾病现状　调查了解母牛群的饲养、管理、配种和自然环境等情况，然后查阅繁殖配种记录和病例，统计各项繁殖力指标。对母牛群的受配率、受胎率、产犊间隔、繁殖成活率等母牛繁殖现状进行调查分析，由此确定牛群中存在的繁殖疾病类型，找出牛群在繁殖方面需要解决的主要问题，通过分析其形成的原因，提出解决具体问题的思路。

（2）定期检查生殖机能状态　定期检查生殖机能状态包括不孕症检查、妊娠检查和定期进行健康与营养状况评分，并分阶段、有步骤地对病牛按患病类型进行逐头诊治。特别是大、中型牛场，对母牛定期进行繁殖健康检查是防治繁殖疾病行之有效的措施。

（3）加强技术培训　有些繁殖疾病常常是由于工作失误原因造成的，例如，不能及时发现发情母牛和空怀母牛，未予配种或未进行治疗处理；繁殖配种技术（排卵鉴定、妊娠检查、人工授精）不熟练，不能适时或正确操作人工授精技术；配种接产消毒不严、操作不慎，引起生殖器官疾病等。

（4）实施牛群传染性繁殖疾病和繁殖疾病综合管理措施　严格控制传染性繁殖疾病，制订繁殖生产的管理目标和技术指标。例如，在规模化舍饲母牛繁育场，繁殖管理目标应包括：平均产犊间隔、繁殖疾病的发病率、情期受胎率、因繁殖疾病而淘汰的母牛占淘汰牛的比例、繁殖计划、繁殖记录、繁殖管理规范、繁殖技术操作规程等。

第七章
养殖典型实例

我国幅员辽阔，各地饲养繁殖母牛的方式各有不同，现阶段饲养繁殖母牛有3种情况：一是依赖自然资源饲养繁殖母牛，主要是放牧饲养或配合部分舍饲的方式生产犊牛；二是农户少量舍饲散养繁殖母牛生产犊牛，依靠农户家中不宜直接出售的秸秆等农副产品，通过集小钱为大钱的方式来增加收入；三是采用集约化大量舍饲养殖繁殖母牛来生产犊牛，进行育肥生产。

一、能繁母牛的饲养模式

能繁母牛的饲养模式主要有放牧饲养、舍饲饲养和放牧加补饲饲养3种。

1. 放牧饲养

牧草资源丰富、草场宽阔的地区，可采用放牧饲养。放牧方式节省饲料、人力和设备，成本低，有利于提高母牛和犊牛的体质。但由于母牛会践踏放牧地或草地，故对牧草的利用率较低。放牧受外界环境影响较大，还受母牛体质和性情的影响，采食量有差别。放牧时注意将空怀母牛、怀孕母牛分群。放牧无须特殊管理，除围产期母牛外，均可放牧。放牧牛应补充矿物质饲料，特别是镁盐、微量元素。为了有效地利用牧草，可采用轮牧。

内蒙古呼伦贝尔市原野农牧业有限公司采用"公司+农户"的模式进行肉牛产业开发，农户分散放牧饲养繁殖母牛，母牛产犊以后饲养犊牛到断奶，然后统一交售到公司，公司建有标准化肥育场，集中进行标准化肥育，每年可养殖并屠宰肉牛9000余头，加工优质牛肉2000余吨。农户养母牛基本全是放牧饲养，饲养成本比较低，而公司不用饲养母牛，只回收6个月龄大小的犊牛，这样，农户可以利用有限的草地资源，饲养更多的母牛。如果农户进行肉牛肥育，没有好的牛舍，规范化的饲养，肥育效果不会太好，相对来说饲养母牛要求不太高。而公司如果集中大量饲养母牛，需要更多的牛舍、草料和人力，饲养成本也较高。这样"公司+农户"的模式，不仅农户收入增加了，公司的养殖成本也相应降低了，实现了双方共赢，互利互惠。

2. 舍饲模式

在广大的农区，人均土地资源紧张，没有办法进行放牧的地区可以采用舍饲饲养。舍饲饲养方式需要大量饲料、设备与人力，成本高，由于缺乏运动、舍内空气差影响牛的体质。但舍饲可提高饲草的利用率，不受气候和环境的影响，使牛拥有能抵御恶劣条件的环境，能按技术要求调节牛的采食量，使牛群生长发育均匀。合理安排牛床能避免牛之间的争斗，便于实现机械化饲养，提高劳动效率，也可以较好地进行营养调控和环境调控，饲养效果较好。

（1）洛阳伊川县"公司+合作社+养牛户"模式 洛阳伊川县公司辰涛牧业科技有限公司为了带动周边养牛户发展，采用"公司+合作社+养牛户"模式进行帮扶。养牛户组建能繁母牛养殖合作社，饲养母牛生产犊牛。公司与合作社签订回收协议，以高于市场价10%的价格收购，并向合作社提供指导、技术服务，促进合作社良性发展，持续盈利，确保每头母牛年利润不低于3000元，这样公司有了比较稳定的架子牛牛源，也很好地带动了养牛户脱贫致富。

（2）广西宁明县母牛"领养"模式 广西宁明县尚州源现代农业科技有限公司，以"公司+养殖基地+农户"的模式经营，通过分散繁育、集中育肥、集中销售的方式带动贫困户发展养牛产业。贫困户可以通过与公司养殖基地签订能繁母牛领养协议，向公司领取母牛自己喂养，期间由公司提供配种及技术服务，母牛所生产的犊牛长到6个月左右，再由公司按每头3000元的价格保价回收。期间，公司还为繁殖母牛购买保险，解决农户后顾之忧。同时，领养母牛的贫困户还能向政府申请领取扶贫产业"以奖代补"资金5000元。

3. 放牧加补饲饲养模式

在一些丘陵山区或部分牧区，虽然也可以放牧，但要不是牧场面积小，要不就是牧草质量差，在这些地区，可以采用放牧加补饲饲养模式。

河南新密市袁庄乡方沟村地处山区，有一定的牧草资源，但单纯靠放牧并不能满足牛的营养需要，当地采用的是放牧加补饲的饲养模式。该村成立了"新密塔山农产品专业合作社"，农户免费领养母牛，犊牛断奶后合作社保价回收，合作社提供技术服务，即解决了农户分散饲养技术力量不足和母牛繁殖问题，也解决了合作社牛源不足的问题，是一种不错的饲养模式。

二、繁殖新技术应用模式

1. 同期发情技术应用案例

在内蒙古通辽市奈曼旗，由于草场退化和养牛户技术水平有限，当地母牛经常是两年产一胎，繁殖效率很低。为了促进养牛业的发展，政府引导养牛户联合成立了养牛合作社。合作社聘请专业技术人员，对养牛户的母牛采用同期发情技术，大幅提高了当地母牛的繁殖效率。在母牛产犊后一个半月到两个月的时候，全部母牛进行孕激素阴道栓法进行同期发情处理，撤栓后2~3天进行人工授精。这样做有几个优点：一是大大缩短了母牛的空怀期，基本上做到一年一胎，一年一犊，并且有20%~30%的双犊；二是有利于管理，通过同期发情技术，可以让一个农户、一个村的几十头甚至上百头牛一起发情，一起进行人工授精，一起产犊，一起育肥，一起出栏，便于饲养管理；三是提高受胎率，原来养牛时，养殖户首先要对牛进行观察，进行发情鉴定，那么由于养殖户技术水平有限，发情鉴定不准确，特别是隐性发情的母牛，容易漏掉，错过配种时机。而采用同期发情处理，不发情的母牛促发情，发情的母牛调到一起发情。发情时间便于掌握，配种时机也比较准确，利于提高受胎率。

2. 胚胎移植技术应用案例

黑龙江龙江县在发展当地肉牛产业的时候，比较重视繁殖新技术的应用，取得了明显的效果。当地政府通过能繁母牛扩群项目支持养牛户，养牛户每买一头母牛，政府补贴3000元。但养牛户在饲养母牛的时候，如果饲养国外进口的纯种肉牛，购买价格高，饲养难度又比较大。当地一肉牛企业为了发展高档肉牛，从国外引进了和肉，但也存在母牛不足、架子牛牛源紧张的问题。为了解决这个问题，企业聘期专业技术人员，利用胚胎移植技术，发展肉牛产业，取得了不错的效果。公司和养牛户合作，养牛户饲养母牛，但不用养和牛的母牛，只需要一般黄牛即可，中国黄牛耐粗饲，好饲养，易放牧，养牛户都会养。到了母牛发情的时候，不再进行配种，而是过7天之后，由公司派技术人员过去进行胚胎移植，移的胚胎是和牛胚胎，而且一般都是移双胎。这样借农户养的黄牛借腹怀胎，就可以生出纯种和牛。等到犊牛出生断奶后公司再高价回收，集中进行高档肉牛生产，取得了很好的效果。

【提示】

资金、技术、市场、疾病等都会影响到项目的成败，由于不同地区实践情况不一样，在准备进行养牛项目时，不能照搬书本上的模式，而要根据实际情况的不同，认真调查研究，灵活制订发展计划，不要仓促盲目上马，以免项目失败造成重大的损失。

参 考 文 献

[1] 陈幼春，吴克谦. 实用养牛大全［M］. 北京：中国农业出版社，2006.
[2] 莫放，李强. 繁殖母牛饲养管理技术［M］. 北京：中国农业大学出版社，2011.
[3] 全国畜牧总站. 肉牛标准化养殖技术图册［M］. 北京：中国农业科学技术出版社，2012.
[4] 李青旺，武浩. 动物繁殖学［M］. 西安：西安地图出版社，2000.
[5] 郭志勤，等. 家畜胚胎工程［M］. 北京：中国科学技术出版社，1998.
[6] 钟孟淮. 畜禽繁殖员［M］. 北京：中国农业出版社，2015.
[7] 侯放亮. 牛繁殖与改良新技术［M］. 北京：中国农业出版社，2005.
[8] 赵兴绪. 兽医产科学［M］. 北京：中国农业出版社，2017.
[9] 王加启，等. 肉牛疾病防治技术［M］. 北京：金盾出版社，2010.